轻松看懂

液压气动系统原理图

向 东　李松晶　编著

双色图解＋动画演示

QINGSONG KANDONG YEYA QIDONG XITONG YUANLITU

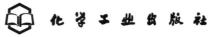
化学工业出版社

·北京·

图书在版编目（CIP）数据

轻松看懂液压气动系统原理图/向东，李松晶编著.
—北京：化学工业出版社，2020.3（2022.11 重印）
ISBN 978-7-122-36140-0

Ⅰ.①轻… Ⅱ.①向… ②李… Ⅲ.①液压系统-
原理图-识图②气压系统-原理图-识图 Ⅳ.①TH137
②TH138

中国版本图书馆CIP数据核字（2020）第022892号

责任编辑：黄 滢　　　　　　　　　　　　装帧设计：王晓宇
责任校对：栾尚元

出版发行：化学工业出版社（北京市东城区青年湖南街13号　邮政编码100011）
印　　装：北京建宏印刷有限公司
787mm×1092mm　1/16　印张13½　字数320千字　2022年11月北京第1版第2次印刷

购书咨询：010-64518888　　　　　　　　　售后服务：010-64518899
网　　址：http://www.cip.com.cn
凡购买本书，如有缺损质量问题，本社销售中心负责调换。

作为一项重要的传动技术，液压与气动技术在工农业生产、航空航天、军事国防和现代化建设等领域得到了广泛应用，为国民经济和社会生产力的发展发挥着不可磨灭的作用。液压与气动系统原理图是使用连线把液压和气动元件的图形符号连接起来的一张简图，用来描述液压与气动系统的组成及工作原理。在液压与气动技术的学习、交流及使用过程中，都离不开液压与气动系统原理图，因此能够正确而快速地阅读液压与气动系统原理图，无论对于液压与气动设备的设计、分析及研究，还是液压与气动装置的使用、维护及调整都是十分重要的。

本书在介绍液压与气动系统原理图的阅读方法和步骤的基础上，给出了五个液压系统原理图和三个气动系统原理图的阅读实例。考虑到阅读实例的选择应尽可能包含多种基本回路、涵盖不同种类的液压与气压传动和控制系统以及各种应用领域，本书选择了汽车起重机、组合机床、推土机、热压机和炮塔液压系统以及汽车、机械手和灌装机气动系统。

本书模块一介绍液压与气动系统原理图的阅读方法及步骤，包括了解系统的方法、初步分析方法、整理和简化回路方法、划分子系统方法、子系统分析方法、子系统连接关系分析方法以及总结系统特点的方法；模块二介绍汽车起重机液压系统原理图的分析方法；模块三介绍组合机床液压系统原理图的分析方法；模块四介绍推土机液压系统原理图的分析方法；模块五介绍热压机液压系统原理图的分析方法；模块六介绍炮塔液压系统原理图的分析方法；模块七介绍汽车气动系统原理图的分析方法；模块八介绍机械手气动系统原理图的分析方法；模块九介绍灌装机气动系统原理图的分析方法。为便于读者理解和掌握，模块二～模块九中介绍的系统原理图均配有动画演示，扫描书内二维码即可观看。

本书由哈尔滨工业大学流体控制及自动化系向东、李松晶编著。在本书的编写过程中，得到了哈尔滨工业大学流体控制及自动化系领导和全体同事的支持和帮助，包钢、徐本洲、杨庆俊、吴盛林以及聂伯勋等老师帮助解答了编写过程中遇到的疑难问题。书稿整理过程中，哈尔滨工业大学机械电子工程专业博士研究生刘旭玲、张圣卓、彭敬辉、曾文，硕士研究生张亮、李洪洲、曹俊章、韩哈斯敖其尔、张振、张宏宇等协助完成了查找资料和绘图等工作。在本书的编写过程中，还得到了其他院系同事和朋友的支持与帮助，在此笔者对所有支持和帮助过本书编写的同事和朋友表示衷心的感谢。

　　由于笔者水平有限，书中难免会有疏漏和不足之处，敬请读者予以批评和指正。

编著者

模块一 阅读液压与气动系统原理图的方法及步骤

20

模块二　汽车起重机液压系统原理图分析

 动画演示

模块三　组合机床液压系统原理图分析　　45

　　　　　　动画演示

72

模块四 推土机液压系统原理图分析

 动画演示

模块五　热压机液压系统原理图分析　　107

动画演示

134 模块六 炮塔液压系统原理图分析

 动画演示

模块七　汽车气动系统原理图分析　　　　155

动画演示

170　模块八　机械手气动系统原理图分析

 动画演示

模块九 灌装机气动系统原理图分析

 动画演示

扫描二维码观看
本书动画演示

模块一

阅读液压与气动系统原理图的方法及步骤

液压与气动技术作为重要的传动方式之一，在工农业生产、航空航天等领域得到了广泛应用，为国民经济和社会生产力的发展发挥着不可磨灭的作用。在液压与气动技术的学习、交流及使用过程中，离不开液压与气动系统原理图，因此能够正确而迅速地阅读液压与气动系统原理图，无论对设计、分析及研究液压与气动设备，还是使用、维护及调整液压与气动装置都十分重要。采取正确的阅读方法以及必要的阅读步骤是正确而迅速地阅读液压与气动系统原理图的关键，而计算机和网络等先进技术手段的使用和配合，为液压与气动系统原理图的阅读提供了更有利的保障。

本模块将着重介绍阅读液压与气动系统原理图的基本方法及步骤，在后续章节中，结合本章的基本阅读方法及步骤，对几个典型的液压与气动系统原理图进行具体的分析和研究。

1.1 概述

液压与气动系统原理图是使用连线把液压与气动元件的图形符号连接起来的一张简图，用来描述液压与气动系统的组成及工作原理。要能够做到正确而又迅速地阅读液压与气动系统原理图，首先要很好地掌握液压与气动技术基本知识，熟悉各种液压与气动元件（特别是各种液压与气动控制阀和变量机构）的工作原理、功能和特性，熟悉液压与气动系统各种基本回路的组成、工作原理及基本性质，熟悉液压与气动系统的各种控制方式。由于液压与气动系统原理图是由液压与气动元件的图形符号组成的，因此要熟悉液压与气动元件的标准图形符号。其次要在实际工作中联系实际，多读多练，通过各种典型的液压与气动系统，了解不同应用场合下各种液压与气动系统的组成及工作特点，以此为基础阅读新的液压与气动系统原理图。

如果在阅读液压与气动系统原理图时，系统图附有说明书，则根据说明书的介绍逐步看下去，这样能够比较容易地阅读清楚液压与气动系统原理图所示液压与气动系统的工作原理。如果所阅读的液压与气动系统原理图没有配备说明书，只有一张系统图，或者在系统原理图上还附有工作循环表、电磁铁工作表或其他简单的说明，这时就要求我们采取必要的分析方法和分析步骤，通过分析各元件的作用及油路的连通情况来弄清楚系统的工作原理。

阅读液压与气动系统原理图可以采取图 1-1 所示的步骤。

阅读液压与气动系统原理图的步骤并不是一成不变的，在具体的液压与气动系统原理图分析过程中，应结合具体的系统原理图适当调整或简化分析步骤，使液压与气动系统原理图的分析更加正确和迅速。根据图 1-1 所示的分析步骤，本章的后续内容将对各个分析步骤中应该采用的分析方法进行详细介绍。

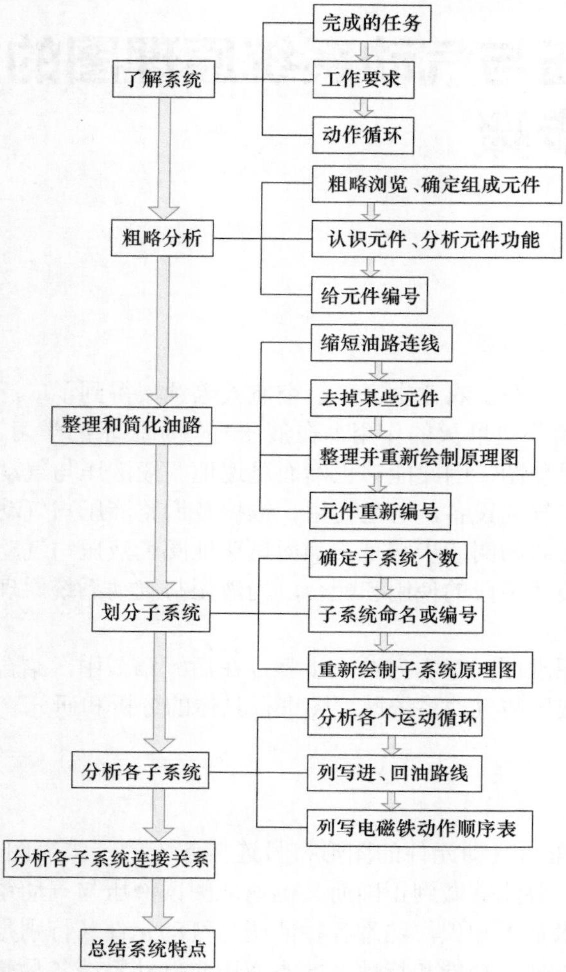

在下述情况下需要对液压与气动系统原理图进行分析和阅读，不同情况下阅读液压与气动系统原理图的难易程度不同。

❶ 新购液压与气动设备的使用和操作。在使用新购置的液压与气动设备时，首先应阅读该液压与气动设备的使用说明书以及液压与气动系统原理图，了解液压与气动设备的工作原理，以便更好地操作液压与气动设备。对于新购置的液压与气动设备，其液压与气动系统原理图、电气控制图以及使用说明书等文件应该很齐全，因此在分析液压与气动系统原理图时可结合其他文件进行阅读，因此在这种情况下，液压与气动系统原理图的阅读是相对容易的。

❷ 旧液压与气动设备的维修。使用了几年甚至十几年的旧液压与气动设备出现故障时，要进行故障排查和维修，首先应阅读该设备的液压系统原理图或气动系统原理图，掌握该设备液压或气动系统的工作原理。旧设备的技术资料和说明文件往往不会很齐全，使用过程中会丢失某些资料，有可能只能够参考液压或气动系统原理图（通常设备上都会留有系统原理图的标牌），而没有电气控制图或说明书作辅助的参考，此时液压或气动系统原理图的阅读会相对困难。此外，在 GB/T 786.1—1993《液压气动图形符号》发布之前制造的液压与气动设备，其原理图采用的是旧标准的液压气动元件图形符号，因此在阅读时存在新、旧标准图形符号转化的问题，增加了液压与气动系统原理图阅读的难度。

❸ 进口液压与气动设备的国产化。在消化和吸收进口液压与气动设备的基础上，对进口液压与气动设备进行国产化的设计时，首先应了解进口液压与气动设备的工作原理。此时，该进口液压与气动设备有可能配备了齐全的技术资料和说明文件，有时也有可能会缺少某些技术文件，使液压与气动系统原理图的阅读困难。此外，进口液压与气动设备的液压系统原理图或启动系统原理图中液压与气动元件图形符号往往与我国国家标准规定的图形符号不同，存在国外标准图形符号和我国国家标准图形符号的转化问题。

❹ 液压技术的学习和培训。在学习液压与气动技术的过程中或进行某些方面的液压与

图 1-1 阅读液压与气动系统原理图的步骤

了解系统
—— 完成的任务
—— 工作要求
—— 动作循环

粗略分析
—— 粗略浏览、确定组成元件
—— 认识元件、分析元件功能
—— 给元件编号

整理和简化油路
—— 缩短油路连线
—— 去掉某些元件
—— 整理并重新绘制原理图
—— 元件重新编号

划分子系统
—— 确定子系统个数
—— 子系统命名或编号
—— 重新绘制子系统原理图

分析各子系统
—— 分析各个运动循环
—— 列写进、回油路线
—— 列写电磁铁动作顺序表

分析各子系统连接关系

总结系统特点

气动技术培训中，分析液压系统原理图和气动系统原理图是很重要的学习内容。在学习或培训过程中遇到的液压与气动系统原理图往往都是典型的液压与气动系统，在教科书或液压与气动技术资料中往往能够找到详细的介绍材料，因此在学习或培训过程中，阅读典型的液压与气动系统原理图时，能够找到相应的参考资料帮助阅读，相对容易。

1.2 了解系统

在对给定的液压与气动系统原理图进行分析之前，对被分析系统的基本情况进行了解是十分必要的，如了解系统要完成的工作任务、要达到的工作要求以及要实现的动作循环。了解系统的动作情况后，就能够按照系统的工作要求和动作循环，根据液压与气动系统原理图去分析液压与气动系统在工作原理上是如何满足液压与气动设备的工作任务和动作循环的，从而分析清楚液压与气动系统的工作原理。

如果在阅读液压与气动系统原理图时，只有原理图，而没有其他的技术资料或说明文件，则需要查找参考书、技术手册、期刊文献或其他同类液压与气动设备的技术资料，也可以向有关专家寻求帮助。此外，在网络技术发达的今天，如果从参考资料上无法得到帮助，也可以借助现代化网络技术，在互联网上寻求帮助。有时有些液压与气动系统的原理图上会同时给出该液压与气动系统要实现的动作循环，此时系统的分析就会相对容易，只要按照系统的动作循环，分析清楚不同动作情况下液压与气动系统的工作原理即可。

1.2.1 了解系统的工作任务

所有的液压与气动设备都是为了完成不同的工作任务，设备的应用场合不同，所要完成的工作任务也不同。因此了解液压与气动设备或系统的工作任务，最主要的是了解该设备的应用场合。对于常用设备的液压与气动系统，如汽车起重机或组合机床液压系统，其应用场合和所要完成的工作任务往往是阅读者所熟悉的。但对于某些专用设备或不常用的设备，如灌装机气动系统，则需要通过查找参考书或咨询有关专家，了解其所要完成的工作任务。

不同应用场合液压与气动设备的工作任务如下。

❶ 农牧渔业液压与气动设备，完成农牧渔业操纵机构的升降、折叠、回转动作，自行式机械的转向和行走驱动动作。

❷ 冶金和建材行业液压与气动设备，完成轧制、锻打、挤压、送料等工作任务。

❸ 交通运输行业液压与气动设备，完成行走驱动、转向、摆舵、减振等工作任务。

❹ 金属加工液压与气动设备，完成铸造、焊接以及车、铣、刨、磨等机械加工任务。

❺ 工程机械液压与气动设备，完成搬运、吊装、挖掘、清理等工作任务以及实现行走驱动和转向动作。

❻ 国防军事液压与气动设备，完成跟踪目标、转向、定位、行走驱动等工作任务。

1.2.2 了解系统的工作要求

对于所有的液压与气动系统，设计或使用过程中应该能够满足一些共同的工作要求，如系统效率高、节能、安全可靠等要求。同时，不同的应用场合对液压与气动设备或系统也提出了不同的工作要求，液压与气动系统原理图的设计就是为了使系统在工作原理上满足不同应用场合对系统的工作要求。例如组合机床液压系统要完成工件的高精度、高效率的加工，因此就要求液压系统能够以稳定的速度进给、实现循环往复的动作。了解组合机床的这些工作要求后，才能够进一步分析组合机床的液压系统原理图。

从液压与气动系统的操纵控制方式，可以把液压与气动系统划分为液压或气压传动系统和液压或气压控制系统两类，传动系统和控制系统有共同之处，各自也有不同的工作要求。此外，不同的应用场合又要求液压与气压系统能够满足某些特殊的工作要求。

对于液压或气压传动系统，通常有如下工作要求。

❶ 能够实现过载保护。

❷ 液压泵能够卸荷。

❸ 工作平稳、换向冲击小。

❹ 自动化程度高、实现自动循环。

❺ 系统效率高、损失小，能够实现能源元件输出的能量与执行元件所需要能量的匹配。

对于液压或气压控制系统，除了具有上述传动系统的工作要求外，通常还应满足如下的工作要求。

❶ 控制精度高。

❷ 稳定性好。

❸ 响应速度快。

不同的应用场合对液压与气动系统的工作要求如下。

❶ 农牧渔业液压与气动设备，工作效率高，能量消耗少，具有一定的自动化程度，对农牧渔业产品的损害少。

❷ 冶金和建材行业液压与气动设备，输出力大，控制精度高，自动化程度高，能够适应高温、多尘的环境。

❸ 交通运输行业液压与气动设备，体积小，重量轻，效率高。

❹ 金属加工液压与气动设备，能够实现自动循环，工作效率高，调速性能好，系统效率高。

❺ 工程机械液压与气动设备，占用空间少，效率高，发热少，安全性高，动作灵活，易于操纵，能够实现遥控操作。

❻ 国防军事液压与气动设备，控制精度高，响应速度快，可靠性高。

1.2.3　了解系统的动作循环

不同的工作任务要求液压与气动系统能够完成不同的动作循环，了解液压与气动系统要完成的动作循环是分析液压与气动系统原理图的关键，只有了解液压与气动系统的动作循环才能够依据动作循环，分析各个动作过程中系统的工作原理。

如果液压与气动系统要完成的动作循环比较复杂，则往往把动作循环用动作循环图的形式表示。机床液压系统进给液压缸的动作可以表示为如图1-2所示的动作循环图，并且为了便于阅读液压系统原理图，通常把这一动作循环图与液压系统原理图绘制在同一幅图上。如果液压与气动系统原理图中没有给出动作循环图，可根据液压与气动系统的工作任务推测出系统所要完成的动作循环，或者根据液压与气动系统的经验知识，从同类系统其他设备的动作循环推测出该系统的动作循环，还可以查找有关资料，对液压与气动系统的动作循环进行了解和参考。

图1-2　机床进给液压缸动作循环图

往往同类设备要完成的动作循环是相类似的，如金属切削加工液压设备的液压系统经常要完成的动作循环如图1-3所示，冶金行业压力加工液压设备要完成的动作循环如图1-4所示。

图1-3　金属加工液压设备动作循环　　　图1-4　冶金行业液压设备动作循环

待分析的液压与气动设备有可能不需要完成同类液压与气动设备动作循环的所有环节，而只需要完成其中的某些环节，因此需根据具体的液压与气动系统原理图进行具体的分析。

1.3　初步分析

初步分析整个液压与气动系统的步骤，首先是浏览待分析的液压与气动系统原理图，根据液压与气动系统原理图的复杂程度和组成元件的多少，决定是否对原理图进行进一步的划分。如果组成元件多、系统复杂，则先把复杂系统划分为多个单元、模块或元件组；然后明确整个液压与气动系统或各个单元的组成元件，判断哪些元件是熟悉的常规元件，哪些元件是不熟悉的特殊元件。其次，尽量弄清所有元件的功能及工作原理，以便根据系统的组成元件对复杂的液压与气动系统进行分解，把复杂液压与气动系统分解为多个子系统；最后是对液压与气动系统原理图中的所有元件进行编号，以便根据元件编号给出液压与气动系统原理图的分析说明及各个工作阶段中液压与气动子系统的进油和回油路线。

1.3.1　粗略浏览整个系统

粗略浏览整个液压与气动系统的目的是确定液压与气动系统的组成元件，根据系统的组成元件初步确定组成液压与气动系统的基本回路。浏览整个液压与气动系统原理图后，可以把组成液压与气动系统的所有元件按照能源元件、执行元件、控制调节元件以及辅助元件的顺序和分类列写出来。如果液压与气动系统的组成元件个数和种类较多，可以先把整个系统原理图分解成若干个模块或元件组，然后再按照元件的种类分别列写各个模块的组成元件。分解的原则是尽可能把同一类元件划分在一个元件组中，如可以把变量泵变量控制系统中的所有元件与变量泵化为一个元件组。有时复杂的液压与气动系统原理图中有可能已经把元件划分成不同的模块，此时也可按照已经划分好的模块列写各个模块的组成元件。

列写组成元件的目的是明确待分析的液压与气动系统原理图中哪些元件是熟悉的元件，哪些是不熟悉的或不常用的元件，以便对元件的功能进行初步分析。

1.3.2　分析元件功能

明确液压与气动系统的组成元件后，应仔细了解原理图中各个液压与气动元件之间的相互联系，弄清各个液压与气动元件的类型、功用、性能甚至规格，其中尤其应重点分析不熟悉的元件和专用元件。液压与气动元件的类型和功能是容易从给出的液压与气动系统原理图中分析清楚的，而液压与气动元件的性能和规格有时无法直接从液压与气动系统原理图中搞清楚，有可能还需要参考其他的说明文件。

分析各个组成元件的功能及用途时，如果原理图中有用半结构示意图表示的液压与气动元件或专用液压与气动元件，首先应该分析这一部分液压与气动元件的工作原理和用途，其次分析能源元件和执行元件，然后分析控制调节元件（各种液压阀）以及各种控制装置和变量机构，最后分析辅助元件。这也是有些参考书中提到的"先看两头、后看中间""先看主回路、后看辅助回路"的原则，所谓"两头"就是回路两头的能源元件和执行元件，"中间"是指能源元件和执行元件之间的控制调节元件。

分析元件功能的前提是熟悉液压与气动元件的图形符号，如果不熟悉液压与气动元件的图形符号，可参阅我国的 GB/T 786.1—2009 国家标准，对照标准中的图形符号确定液压与气动元件的名称及用途。进口设备中液压与气动元件图形符号与我国标准存在一定差别，但差别不大。

对于熟悉的液压与气动元件可根据元件的工作原理分析该元件在系统中的功能。对于不熟悉的专用液压与气动元件，可根据原理图中给出的该元件图形符号，利用网络、参考书、期刊文献、手册、我国的国家标准或国外标准查找有关的参考资料，搞清楚该元件的功能和工作原理。如果找不到相关的参考资料，也可以根据液压与气动系统原理图中给出的元件图形符号推断元件的工作原理和功能。虽然无法从液压与气动元件的图形符号判断该元件的具体结构，但几乎所有液压与气动元件的图形符号都能够表现出该液压与气动元件的功能及工作原理。

在液压与气动系统原理图中，能源元件（液压泵或气源）和执行元件（液压马达和液压缸或气压马达和气缸）的图形符号往往是熟悉的，容易识别，而各种液压与气动阀或液压与气动辅助元件的符号有时有可能是不熟悉的。但各种阀的图形符号与其功能和工作原理之间存在一定的规律，按照这一规律就能够推断出液压与气动元件的功能。

例如我国国家标准规定的液压溢流阀的图形符号如图 1-5 所示，其中方框 1 表示溢流阀的阀体，箭头 2 表示溢流阀的阀芯，弹簧 3 表示溢流阀的调压弹簧，虚线 4 表示溢流阀的控制油，实线 5 表示溢流阀的进口，回油箱符号 6 表示溢流阀的出口直接接油箱。

图 1-5 中代表阀芯的箭头与进油路线和回油路线不在同一条直线上，表示溢流阀阀芯处于使溢流阀关闭的位置，溢流阀的控制油与弹簧同时作用在溢流阀阀芯的两侧，控制油是从溢流阀的进油口引出的，因此溢流阀的开启由进口压力控制。当进口压力达到溢流阀调压弹簧的调定压力时，溢流阀阀芯上端控制油产生的作用力大于下端弹簧的作用力，此时溢流阀阀芯处于使溢流阀的进、出油口连通的位置，表示溢流阀开启。

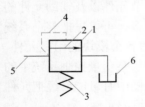

图 1-5 液压溢流阀的图形符号

再如我国国家标准规定的三位四通手动换向阀图形符号如图 1-6 所示，液压三位四通换向阀的图形符号和气动三位四通换向阀的图形符号是相同的，从图形符号上无法区分该元件是液压元件还是气动元件。

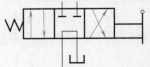

图 1-6 三位四通手动换向阀图形符号

换向阀的图形符号有如下规律。

❶ 方框表示阀体，同时也表示阀的工作位置，有几个方框就表示有几"位"。

❷ 方框内的箭头表示通路处于接通状态，但箭头方向不一定表示流体的实际流动方向。

❸ 方框内符号"⊥"或"⊤"表示该通路不通。

❹ 方框外部连接的接口数有几个，就表示几"通"。

❺ 通常，阀与系统连接的进口用字母 P 表示，阀与系统连接的出口用字母 O(有时用 T)表示，而阀与执行元件连接的通路用字母 A、B 等表示，有时在图形符号上用 L 表示泄漏口。

❻ 三位换向阀中位的油路或气路连通方式称为换向阀的中位机能。

换向阀都有两个或两个以上的工作位置，通常呈现出阀的常态位，即阀芯未受到操纵力时所处的位置，图形符号中的中位是三位阀的常态位。利用弹簧复位的二位阀则以靠近弹簧的方框内的通路状态为其常态位。绘制系统图时，通路一般应连接在换向阀的常态位上。

对于图1-6中三位四通手动换向阀，当操纵手柄使阀芯向右移动时，换向阀工作在左位，油路或气路 P 口接 A 口，B 口接 O 口；当操纵手柄使阀芯向左移动时，换向阀工作在右位，油路或气路 P 口接 B 口，A 口接 O 口；当手柄不动作时，在弹簧作用下，阀工作在中位，该阀的中位机能为 M 型机能。

可见，从图1-5中液压溢流阀的图形符号和图1-6中换向阀的图形符号能够推断出溢流阀和换向阀的工作原理，同样其他任何一种液压阀或气动阀都能够根据图形符号推断出该阀的工作原理。

1.3.3 给元件重新编号

往往待分析的液压与气动系统原理图中并没有对元件进行编号，或者有些元件给出了编号、有些元件没有编号，为便于分析和说明，此时可以对液压与气动系统原理图中所有元件进行重新编号。此外，即使待分析的液压与气动系统原理图中已经对所有元件进行了编号，为了分析方便，也可以采用有利于分析的方法对所有元件进行重新编号。

对元件进行重新编号时，最好采用相关元件进行相关编号的原则，使用字母或数字进行编号，例如为同一个机构服务的元件可以采用相关的字母或数字进行编号，油源元件或同时为多个工作机构服务的元件可以单独编号。图1-7为由进给和夹紧回路组成的某机床液压系统原理图，对原理图中各个元件进行重新编号，采用字母的编号方式和采用数字的编号方式分别如图1-8和图1-9所示。

图1-8中用字母把为同一个机构服务的元件以及液压油源元件进行相关编号，字母采用各个机构的汉语拼音首字母。图1-8表明，采用字母编号方式时，编号字数多，但从编号的字母能够很直观地看出该元件是为哪个机构服务的。图1-9中采用数字的编号方式，编号字数少，但从编号的数字不能够直观地看出该元件是为哪个机构服务的，因此上述两种编号方法各有利弊。

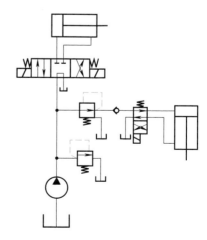

图1-7　待编号的机床液压系统原理图

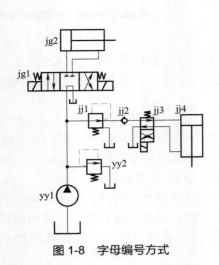

图 1-8　字母编号方式

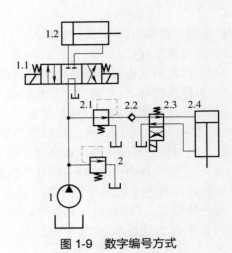

图 1-9　数字编号方式

1.4　整理和简化回路

待分析的液压与气动系统原理图往往油路复杂，连线交错，因此有必要对复杂的液压与气动系统原理图进行整理和简化，有助于提高液压与气动系统原理图阅读的准确性和快速性。在对原理图进行整理时，首先对原理图中油路或气路的连线进行整理，然后对原理图中的元件进行简化，其次对整个原理图的绘制方法进行变换。

1.4.1　简化回路

为了使原理图的绘制整齐、美观，在待分析的液压与气动系统原理图中往往把所有的供油（供气）和回油（排气）连线连接到一条总的供油线（供气线）或是一条总的回油线（排气线）上，这样就使得液压或气动系统原理图的油路或气路连线交错，回路关系复杂，不易于分析。因此，为使复杂的液压与气动系统原理图简单明了、看上去清晰、易于阅读，通常采用缩短油路或气路连线、采用拆分回路连线、合并回路连线或删除某些回路连线等方法，使复杂的液压与气动系统原理图得到简化。

例如图 1-10（a）中的液压系统原理图，如果缩短三个支回路各个操纵阀的回油连线，使各个操纵阀的回油单独回油箱，如图 1-10（b）所示，则系统原理图的油路连线交叉少，回路易于阅读。

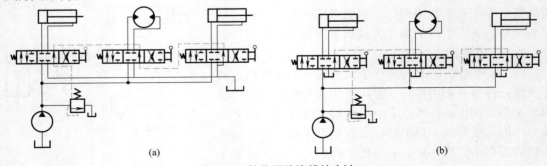

(a)　　　　　　　　　　　　　　　　　　(b)

图 1-10　简化回路连线的方法

1.4.2　整理元件

对液压与气动系统原理图中的各元件进行整理或简化时，主要应考虑去掉对系统工作原理影响不大的元件、合并重复出现的元件或元件组、用少量简单的元件符号代替多个复杂的元件符号。

在液压与气动系统原理图中，有些元件只起到辅助的作用，对整个系统的动作原理影响不大，此时可以考虑先记录下该类元件所起的辅助作用，然后删除这类元件，使系统原理图尽可能简化。液压系统中的辅助元件，例如滤油器或冷却器等，往往对系统动作原理的分析不产生影响，因此可以去掉该类元件，而只记录该液压系统具有油液过滤和冷却的功能即可。辅助元件中的压力表及压力表开关也往往可以在系统分析过程中进行省略，而油箱则通常不能被省略掉，蓄能器的省略与否要根据具体情况进行具体分析，往往蓄能器作辅助油源时则不能够省略。某些控制调节元件，例如安全阀、背压阀等元件，虽然是系统的重要组成元件，但在系统动作原理分析过程中影响不大，往往也可以省略，而只记录该系统具有安全保护的功能和回油背压的功能即可。气动系统中的压力表、消声器等辅助元件也可以在气动系统原理图分析过程中进行省略。

除了可以省略掉对系统的工作原理影响不大的元件外，还可以考虑删除掉或合并系统中重复出现的元件或元件组。例如图 1-11 所示的汽车起重机液压系统中的垂直支腿子系统，由四套组成元件相同的子系统组成，在分析该类系统时可以把四套支腿子系统用虚线框所示的一套子系统代替，只分析其中这一套子系统的动作原理，其他子系统的动作原理相同。

此外，用简单和熟悉的元件符号代替复杂和不熟悉的元件，也是使液压与气动系统原理图简化的方法之一。例如液压系统中插装阀的图形符号往往是大多数人所不熟悉的，而且采用插装阀时，为了实现同样的功能，使用插装阀要比采用普通液压阀时阀的个数多，因此使回路变得复杂。此时可以用普通的液压阀代替插装阀，重新绘制一个等效的液压系统原理图。图 1-12 中给出了各个插装阀与普通液压阀的等效关系。

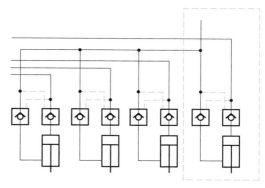

图 1-11　汽车起重机垂直支腿子系统

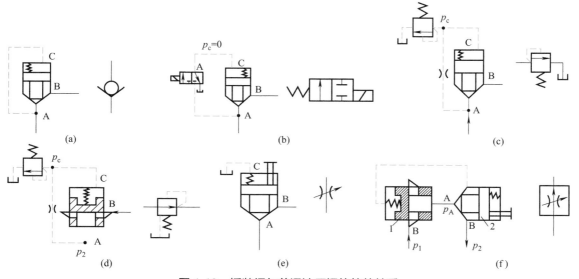

图 1-12　插装阀与普通液压阀的等效关系

1.4.3　重新绘制原理图

经过回路的简化和元件的省略或合并后，必须对原液压与气动系统原理图进行整理，并重新绘制液压与气动系统原理图。有时液压与气动系统原理图的布局也会影响系统的阅读和分析，因此在重新绘制液压与气动系统原理图时，也可以适当调整液压与气动系统原理图的布局，尽量减少系统原理图中回路连线的交叉，为同一个机构服务的液压与气动元件尽可能集中在一起。

对回路进行整理和简化后，由于在原来的原理图上去掉了某些元件，此时就有可能需要对所有剩余的元件进行再一次的重新编号。如果回路相对简单，也可以在整理和简化回路之前，省略对元件进行重新编号的步骤，而是在对回路进行整理和简化后再对所有元件进行重新编号。

1.5　将系统分解成子系统

将复杂的液压与气动系统分解成多个子系统，然后分别对各个子系统进行分析，是阅读液压与气动系统原理图的重要方法和技巧，也是使液压与气动系统原理图的阅读条理化的重要手段。划分子系统有多种方法，给划分好的子系统命名，并绘制出各个子系统的原理图是对各个子系统进行原理分析的前提。

1.5.1　子系统的划分方法

由多个执行元件组成的复杂液压与气动系统主要依据执行元件的个数划分子系统，如果液压油源或气源的结构和组成复杂，也可以把液压油源或气源单独划分为一个子系统。只有一个执行元件的液压与气动系统可以按照组成元件的功能来划分子系统，此外结构复杂的子系统有可能还需要进一步被分解成多个下一级子系统。总之，应该令原理图中所有的元件都能被划分到某一个子系统中。

❶ 按照执行元件个数划分子系统的方法是把为同一个执行元件服务的所有元件划归为一个子系统，有时系统中某些元件可能同时为多个子系统服务，此时在绘制子系统原理图时，可以把这个元件同时绘制到多个子系统中，在分析子系统工作原理时均分析该元件的作用。液压油源或气源可以重复出现在所有子系统中，也可以在各个子系统中省略，当油源或气源单独成为子系统时，则油源或气源不应该再出现在子系统中。

❷ 油源或气源单独划分为子系统。如果液压系统的供油只由一个定量液压泵供给，则液压系统的油源结构简单，不需要单独分析油源的工作原理。但往往液压系统的油源组成结构复杂，由一个或多个液压泵供油，或液压泵的变量方式复杂，此时可以在根据执行元件划分子系统的基础上，再把油源单独作为一个子系统进行分析，分析油源的工作原理或变量方式及变量特性。除空气压缩机外，气动系统的气源主要还包括气动三联件及减压阀等元件，在划分子系统时往往可以单独划分为一个子系统，或在分析过程中进行省略。

液压系统的变量泵是在变量控制系统的控制下实现变量的，由变量泵供油的液压系统，能够实现恒压、恒流量以及恒功率等变量特性。例如图 1-13 中的变量泵变量控制系统由变量活塞、变量控制阀以及单向阀组成，能够实现恒功率的变量特性，在划分子系统时，可以把由该变量泵组成的油源划分为一个子系统单独进行分析。

双泵供油的液压油源如图 1-14 所示，该油源在系统的不同工作阶段具有不同的工作特点，因此在划分子系统时，也最好把这一油源单独划分为一个子系统进行分析。

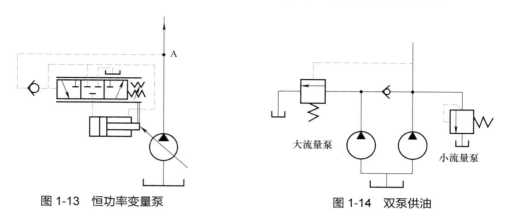

图 1-13　恒功率变量泵　　　　　　图 1-14　双泵供油

❸ 单个执行元件组成的系统划分子系统以及子系统中再划分子系统。在分析由单个元件组成的复杂液压与气动系统或结构复杂的液压与气动子系统时，可根据液压与气动系统或子系统中元件的功能对液压与气动系统或子系统进行进一步的分解，再根据元件的功能把整个系统归结为多个基本回路，根据基本回路的工作原理及特点进行分析。

1.5.2　子系统命名

子系统的个数和各个子系统的组成结构确定后，应该对各个子系统进行编号或命名，从而有利于子系统的分析和记录，尤其有利于分析各子系统之间的连接关系。在对各个子系统进行命名时，最好根据各子系统在整个液压与气动系统中的作用、特点及功能进行命名，可以使用中文名称进行命名，也可以使用汉语拼音首字母进行命名，还可以用数字方式进行命名。

1.5.3　重新绘制子系统原理图

重新绘制子系统原理图能够使子系统的划分更加明确，防止后续分析中出现丢失元件、各个子系统之间元件混淆等错误。重新绘制子系统原理图时，应该把从液压油源或气源到各个执行元件之间的所有元件都绘制出来，形成一个完整的液压与气动回路，这样对后续子系统的工作原理分析更加有利。如果液压油源或气源结构复杂，液压油源或气源被单独划分为一个子系统，则不要把液压油源或气源包含到各个子系统的原理图中，而只需要在每个子系统和油源或气源的断开处标注出油源或气源的供油或供气线路即可。有时有些元件同时在若干个子系统中起作用，在绘制子系统原理图时，应该把该元件绘制在所有包含该元件的各个子系统中。

1.6　分析各子系统

对液压与气动系统原理图中各个子系统进行工作原理及特性分析是液压与气动系统原理图分析的关键环节，只有分析清楚各个液压与气动子系统的工作原理，才能够分析清楚整个液压与气动系统的工作原理。对各个子系统进行分析包括分析子系统的组成结构，确定子系统动作过程和功能，绘制各个动作过程回路图，列写进、出回路路线以及填写电磁铁动作顺序表等过程。

（1）分析子系统的组成

对子系统的组成结构进行分析，是在前述步骤中粗略分析整个液压与气动系统原理图组成元件的基础上，结合具体工作机构和子系统，根据子系统液压与气动元件图形符号，分析各个子系统组成元件的功能及原理，从而确定构成子系统的基本回路，以便结合基本回路知识，对子系统进行工作原理的分析。

例如图 1-15 所示的液压子系统，根据液压元件图形符号，该液压子系统由液压缸 1、换向阀 2 和平衡阀 3 组成，平衡阀使液压系统形成平衡回路，用于有垂直下降工况的液压系统中，防止液压子系统的负载由于自重而超速下降或用于平衡负载。

（2）确定子系统的动作过程及功能

根据子系统的组成结构能够把子系统归结为不同的基本回路，不同的基本回路具有不同的功能和动作过程，因此根据液压与气动子系统组成元件的功能及子系统的组成结构，可以确定液压与气动子系统的动作过程及能够实现的功能。

例如图 1-15 所示的液压子系统的控制调节元件主要是平衡阀，因此该子系统的基本回路属于平衡回路，因此可以推断该液压子系统的执行元件需要驱动有垂直下降工况的负载。从换向阀的三个工作位置能够确定液压缸的动作过程。当换向阀换向到左、右及中位三个工作位置时，液压缸活塞分别能够实现下行、上行以及停止的动作。此外，当换向阀处于中位时，液压泵直接接油箱，此时液压泵能够实现卸荷。因此，该子系统还具有使液压泵卸荷的节能功能。

对于由变量泵组成的液压油源子系统，除了要分析油源的动作和功能外，还应分析变量泵的变量特性，最好能够给出变量泵的变量特性曲线。例如图 1-13 恒功率变量泵的变量特性曲线如图 1-16 所示，变量特性曲线表明该恒功率变量泵的输出压力和输出流量的乘积基本恒定。

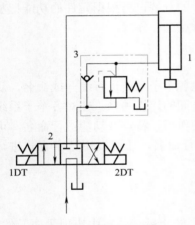

图 1-15 液压子系统

（3）绘制回路路线图

分析子系统的工作原理主要是分析各个动作过程中液压与气动系统回路的工作路线，各个工作过程中液压与气动子系统的回路图是液压与气动系统油路或气路路线的一种直观表现形式。绘制油路或气路路线时，可以在子系统原理图的基础上，把工作回路的路线用加粗的实线和虚线或不同颜色的线表示，液压油或压缩空气的流向用箭头表示在油路或气路路线上。

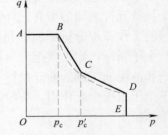

图 1-16 恒功率变量特性曲线

例如图 1-15 所示的液压子系统，在液压缸下行、上行以及停止动作过程中，油路路线图分别如图 1-17、图 1-18、图 1-19 所示。

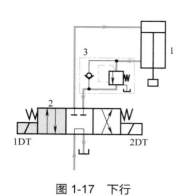

图 1-17　下行

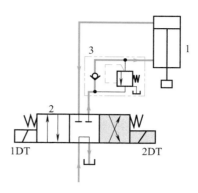

图 1-18　上行

图 1-17 中如果需要液压缸活塞向下运动，应该令电磁换向阀工作在左位，因此电磁换向阀的电磁铁 1DT 通电、2DT 断电（电磁换向阀的两个电磁铁不能同时通电），此时液压泵供油经电磁换向阀左位进入液压缸上腔，液压缸下腔油液经平衡阀和换向阀左位回油箱。由于液压缸下腔回油方向是平衡阀中单向阀截止、顺序阀打开方向，因此只有当液压缸下腔压力达到平衡阀中顺序阀的调定压力时，平衡阀打开，液压缸下腔才能回油，起到了平衡作用。

图 1-18 中如果需要液压缸活塞向上运动，应该令电磁换向阀工作在右位，因此电磁换向阀的电磁铁 2DT 通

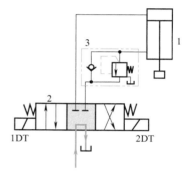

图 1-19　停止（液压泵卸荷）

电、1DT 断电，此时液压泵供油经电磁换向阀右位和平衡阀中的单向阀进入液压缸下腔，液压缸上腔油液经电磁换向阀右位直接回油箱。

当液压缸活塞需要停止在某一位置时，电磁换向阀的电磁铁 1DT 和 2DT 都断电，电磁换向阀回到中位，液压缸上、下两腔封闭，平衡阀关闭，液压泵经电磁换向阀中位直接回油箱。

（4）列写回路路线

在液压与气动子系统的各个动作过程中，油路或气路路线能够更清晰地体现各子系统的工作原理，因此在液压与气动系统回路路线图基础上，把复杂的油路或气路路线列写出来，更有助于液压与气动子系统的分析和理解。列写液压与气动回路路线时，可使用箭头把液压油或压缩空气先后流经的元件连接起来。通常回路路线需要分别列写进油（气）路线和回油（气）路线，有时回路路线可能是封闭的或有分支的路线，有时如果回路路线过于简单，也可以省略该路线。例如图 1-17 所示液压缸向下运动的油路路线可列写如下。

进油路：液压泵→换向阀 2 左位→液压缸 1 上腔
回油路：液压缸 1 下腔→平衡阀 3 中顺序阀→换向阀 2 左位→油箱

图 1-18 所示液压缸向上运动时油路路线可列写如下。

进油路：液压泵→换向阀 2 右位→平衡阀 3 中单向阀→液压缸 1 下腔

回油路：液压缸 1 上腔→换向阀 2 右位→油箱

（5）填写电磁铁或控制阀动作顺序表

采用电磁换向阀的液压与气动系统能够实现回路的自动控制和循环动作，因此作为液压与气动系统的控制元件，电磁换向阀中电磁铁的通断和液压与气动系统的动作密切相关。列写电磁铁动作顺序表能够更直观地体现液压与气动子系统各个动作过程中控制元件的控制关系，对于液压与气动系统的设计、使用及维护都具有十分重要的指导意义。除电磁铁外，液压与气动系统中的行程阀、位置开关、压力继电器等元件也是重要的控制元件，把这些元件的开关及工作情况也填写到动作顺序表中，更有利于液压与气动子系统动作原理的分析。通常在电磁铁动作顺序表中，把电磁铁通电、断电或控制阀的打开、关闭分别用"+"和"-"号表示。

例如图 1-15 所示的液压子系统，根据子系统的动作过程，可列出子系统中电磁铁的通断情况，如表 1-1 所示。

表 1-1　电磁铁动作顺序表

动作过程 ＼ 电磁铁	1DT	2DT
上行	-	+
下行	+	-
停止	-	-

1.7　分析各子系统的连接关系

液压与气动系统中各个子系统之间的连接关系是液压与气动设备中各个执行元件之间实现互锁、同步、防干涉的重要保障，因此应该对各个子系统之间的连接关系进行分析。在分析清楚各个子系统的动作原理后，再把各个子系统合并起来进行分析。

由多个执行元件组成的液压与气动系统往往需要多个换向阀进行控制，对于液压系统，为了简化回路，减少管路数目和换向阀所占的空间，便于安装和集中操纵，往往将若干个单路换向阀、溢流阀以及单向阀等组成一个集合体，形成多路换向阀。多路换向阀中各个换向阀的连接方式分为串联、并联、串并联（顺序单动式）以及复合式四种，此外还有实现快速动作的合流方式。液压与气动系统换向阀的连接方式也就是各个子系统的连接方式，各种连接方式都是通过各个子系统操纵换向阀的油路或气路连接方式来实现的。

1.7.1　串联方式

由多个换向阀控制的多个液压子系统，如果前一个换向阀的回油不直接回油箱，而是流入下一个换向阀的进油口，如图 1-20 所示，或气动子系统的排气不直接排出，而是进入下一个子系统，则子系统之间的连接方式称为串联方式。串联方式的特点是工作时可以实现两个以上执行元件（液压缸或液压马达，气缸或气马达）的复合动作，因此工作效率高，这时液压油源或气源的工作压力等于同时工作的各个执行元件压力之和。因此，串联方式要求液压油源或气源能够工作在足够高的压力下，否则执行元件就会出现出力减小或不足的现象，此时很难实现多个执行元件的复合动作。

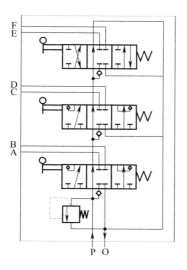

图 1-20 串联方式

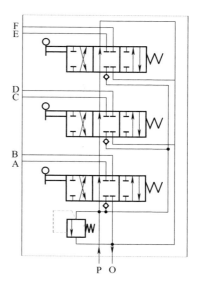

图 1-21 并联方式

1.7.2 并联方式

如果多个换向阀的进油口或进气口都同时与一条总的压力油路或气路相连，各个回油（气）口都与一条总的回油（气）路相连，各个换向阀都可以单独进油和回油或进气和排气，进油和回油或进气和排气互不干扰，如图 1-21 所示，则子系统的连接方式称为并联方式。并联方式的特点是各个换向阀可进行各自独立的操作，因此当负载相差不大时，几个执行元件可以同时工作，此时液压泵或气源的流量是所有正在动作的执行元件的流量之和，要求液压泵和气源的流量应该能够满足所有执行元件动作所需要的流量。但如果各个执行元件的负载不同，当几个换向阀同时操作时，负载小的执行元件先动作，此时很难实现复合动作，而且也不能够实现严格的同步。

1.7.3 串、并联方式（顺序单动方式）

如果各个子系统的换向阀之间进油路串联、回油路并联，或进气路串联、排气路并联，如图 1-22 所示，该子系统的连接方式称为串、并联方式（顺序单动方式）。该连接方式的特点是各个执行元件的动作是按顺序进行的，当前一个执行元件工作时，后面几个执行元件的供油被截断，因此无法动作。由于每次只能够有一个执行元件动作，每个执行元件都能够以最大的能力工作，但不能实现多个动作的复合，因此工作效率不高。

1.7.4 复合方式

如果一个液压与气动系统同时采用了上述三种子系统连接方式中的两种或三种连接方

式，则该液压与气动系统的子系统连接方式称为复合方式。有些液压与气动设备动作比较复杂，每个工作机构各有不同的动作特点，为了使各个工作机构能够更好地配合，尽量发挥液压与气动系统的效能，提高生产率，很多液压与气动设备的子系统之间采用复合方式连接。

例如某液压挖掘机液压子系统之间的连接关系如图1-23所示，该液压挖掘机由动臂、斗杆、回转和行走四个液压子系统组成，其中动臂、斗杆和行走子系统之间采用串联连接方式，表明这三个子系统可以同时动作，从而提高工作效率。而回转子系统与其他子系统之间采用顺序动作方式，即回转马达工作时，其他油路被切断，子系统不能工作，这样可以防止其他油路的高压油作用到马达的回油口，从而使马达的输出转矩大大减小，甚至不能够驱动负载转动。

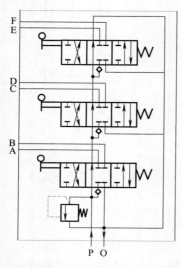

图1-22　顺序单动方式

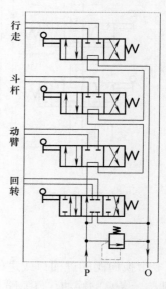

图1-23　复合方式

1.7.5　合流

为了提高液压系统某个执行机构的工作速度，有时双泵或多泵供油系统可以采用合流的方式，为执行机构提供尽可能多的流量，满足执行机构快速动作的需要。合流的方式有两种：一种是使用一个合流阀，操纵合流阀可以使两个油路在任何动作上均能实现合流，这种合流方式灵活性大，增加的专用合流阀简化了主换向阀的通路结构，合流油路可以随时切换，但操作时需要多一个操作动作；另一种则只针对需要合流的执行元件，使两个液压泵的流量经该执行元件的操纵换向阀同时进入同一个执行元件，从而实现合流。此外，还可以通过使两个回路的操纵换向阀同步动作的方式实现合流。

1.8　总结系统特点

对液压与气动系统原理图中各个子系统的动作原理及子系统之间的连接关系进行分析后，液压与气动系统的动作原理已经基本分析清楚，最后如果能够对所分析液压与气动系统的组成结构及工作特点进行总结，将有助于更进一步加深对所分析液压与气动系统原理图的理解和认识。对液压与气动系统的特点进行总结，主要是从液压与气动系统的组成结构和工作原理上进行总结，总结液压与气动系统在设计上是怎样更好地满足液压与气动设备的工作要求的。对液压与气动系统的特点进行总结通常从液压与气动系统实现动作切换和动作循环的方式、调速方式、节能措施、变量方式、控制精度以及子系统的连接方式等几个方面进行总结。

1.8.1 动作切换和动作循环

液压与气动系统实现动作切换和动作循环的控制方式多种多样，有行程开关、行程阀、顺序阀、压力继电器以及电磁阀、比例阀或伺服阀等控制方式，如表 1-2 所示。有些液压与气动系统还有可能采用上述几种方式的组合来实现动作切换和动作循环，不同的控制方式具有不同的控制特点。

表 1-2 液压与气动系统动作切换和动作循环控制方式

控制方式	行程开关	行程阀	顺序阀	压力继电器	电磁阀、比例阀或伺服阀
图形符号					

❶ 采用行程开关来控制液压与气动系统的动作切换和动作循环时，行程开关通过电路控制电磁铁的通断，从而控制油路或气路的切换。该控制方式自动化程度高，易于与计算机、PLC 等自动控制方式相结合，行程开关占用空间小，但控制方式在电路设计上稍复杂，由于要控制电磁换向阀的动作实现油路或气路切换，因此动作切换过程有冲击，而且行程开关的安装位置受限，不能够随意改变其安装位置。

❷ 行程阀通常用于液压与气动系统的动作切换，例如组合机床的动力滑台从快进工作状态切换到工进的工作状态，此时可以采用在快进结束、工进开始的工作位置设置行程阀的方式实现动作的切换。行程阀的切换直接控制液压与气动回路的切换，实现方式在电路设计上简单，动作切换平稳，精度高，但与行程开关控制方式相比，占用空间大，不易于实现自动化控制，而且行程阀的安装位置也是受限的。

❸ 顺序阀利用液压系统中的压力变化来实现多个液压执行元件的顺序动作或与其他元件配合实现一个执行元件的动作切换，顺序阀调定压力通常要求比上一个动作的最大工作压力高 0.3 ～ 0.5MPa，其控制方式的可靠性取决于顺序阀的调压精度，调压精度越高，动作越可靠。顺序阀控制方式结构简单，阀的安装位置不受限制，但该控制方式不易于与计算机、PLC 等控制方式相结合，难以实现自动化控制。

❹ 压力继电器也是利用液压与气动系统中的压力变化来实现液压与气动执行元件的动作切换或动作循环的。同顺序阀一样，压力继电器的调定压力通常要求比上一个动作的最大工作压力高 0.3 ～ 0.5MPa；类似于行程开关，压力继电器也是通过电路控制电磁铁的动作从而实现油路的切换，只不过压力继电器是利用压力信号进行控制的，而行程开关是利用位置信号进行控制的。压力继电器的安装位置灵活，但电路设计复杂，可靠性不如行程阀或电磁阀，动作切换不如使用行程阀时平稳。

❺ 电磁阀、比例阀或伺服阀。利用电磁阀、比例阀或伺服阀控制液压与启动执行元件的动作，控制方式自动化程度高，能够与计算机、PLC 等控制方式相结合，而且阀的安装位置灵活，对于比例阀和伺服阀控制精度高，但对于电磁换向阀，动作切换的平稳性、可靠性和换接精度相对较差，电路设计复杂。

1.8.2 调速和变速方式

液压与气动系统在一个工作循环过程中有可能要实现不同的工作速度，因此需要使用变速回路。而液压与气动系统在一个工作循环的某个工作阶段其运动速度是可调的，而且工作过程中调好的速度基本不变，此时需要使用调速回路。

变速回路在工作过程中往往需要实现速度的快慢变化，其切换过程是通过上述液压与气动系统动作切换控制方式来实现的。例如液压系统要实现快速动作，通常采用多泵同时供油、蓄能器和液压泵同时供油、液压缸差动连接等方式。采用液压缸差动连接方式实现快速运动的变速回路如图 1-24 所示。液压与气动系统的慢速动作则是通过在液压系统中设置节流元件或其他各种调速方式来实现的。

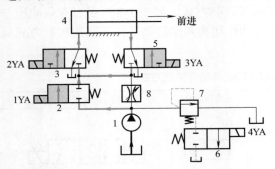

图 1-24　液压缸差动连接实现快速动作

液压与气动系统的调速特性是液压与气动系统工作过程中的重要特性，不同的应用场合采用不同的调速方式是液压与气动系统设计和使用的关键。液压与气动系统的调速方式通常分为节流调速、容积调速和容积节流调速三种，不同的调速方式具有不同的特点。

（1）节流调速方式

在液压与气动回路中设置节流元件来改变进入执行元件的流量，从而实现调速的目的，例如进口节流调速液压回路如图 1-25 所示。节流调速方式结构简单、成本低，但由于节流元件会增加回路的压力损失，同时节流调速方式必须要有一部分流量被分流，因此该调速方式损失大、效率低、发热严重。采用节流阀的节流调速回路中，速度受负载变化的影响较大，基于上述考虑，节流调速方式一般适用于速度变化不大的中、小功率场合，例如组合机床动力滑台、液压六角车床以及多刀半自动车床等。

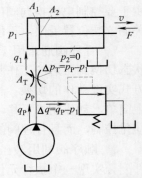

图 1-25　进口节流调速回路

（2）容积调速方式

通过改变能源元件或执行元件的容积来实现调速的调速方式，通常回路由变量泵或变量马达组成，例如变量泵定量马达容积调速回路如图 1-26 所示，通过改变变量泵或变量马达的排量来实现调速。由于回路中不需要设置节流元件，因此回路的损失发热小、效率高，但变量泵和变量马达的原理及结构复杂，成本高，使用维护不便。同时负载的变化会引起液压泵或马达泄漏量的变化，从而引起速度的变化。容积调速方式通常适宜于大功率的液压系统，如港口起重运输机械、矿山采掘机械等。

（3）容积节流调速方式

是容积调速方式和节流调速方式的结合，例如图 1-27 中采用变量泵和节流阀的调速回路，由于液压泵的流量随负载流量的变化而变化，回路中只有节流损失，无溢流损失。而且，由于泵的输出压力随负载的变化而增减，节流阀工作压差不变，故在变载情况下，节流损失小，因此，回路效率高，发热少。但是回路的结构更加复杂，成本和造价高。这种回路适用于负载变化大，速度较低的中、小功率场合，例如组合机床的进给系统。

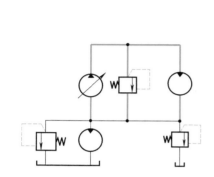

图 1-26　变量泵定量马达容积调速回路

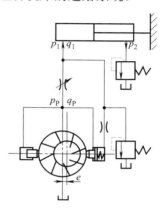

图 1-27　容积节流调速回路

1.8.3　节能措施

节能是液压与气动系统设计和使用的重要目标之一，液压与气动系统的节能措施多种多样，通常采用在工作间歇中令液压泵卸荷、蓄能器作辅助油源、容积调速、负载敏感、二次调节、能量回收和储存等措施实现节能的目的。对于液压系统，简单易行且常用的措施是在液压系统的工作间歇令液压泵卸荷。

所谓液压泵的卸荷是指液压泵以很低的功率运行，要么输出很小的流量，要么以很低的压力供油，此时液压泵所需要消耗的能量很小，因此系统节能。液压泵实现卸荷的方式很多，例如图 1-15 所示的液压子系统就是通过三位四通电磁换向阀的 M 型中位机能来实现液压泵的卸荷。能够使液压泵卸荷的三位四通电磁换向阀的中位机能有 M 型、H 型、K 型等。此外，图 1-14 给出的双泵供油回路也是一种采用顺序阀实现的液压泵卸荷方式。

采用先导式溢流阀和电磁开关阀实现的液压泵卸荷方式如图 1-28 所示，该回路中，当电磁开关阀的电磁铁通电时，先导式溢流阀的遥控口直接接油箱，此时相当于溢流阀的调定压力为零，液压泵泵出的油液直接回油箱，液压泵工作压力很低，消耗功率也很小。

负载敏感技术是一种用变量泵实现的、使液压泵的流量尽量与负载所需要的流量相匹配的液压系统节能技术，目前主要应用于有多个执行机构同时动作的液压工程机械中。

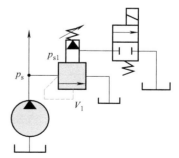

图 1-28　采用先导式溢流阀和
电磁开关阀的卸荷方式

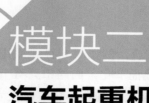

模块二

汽车起重机液压系统原理图分析

动画演示

由多路换向阀控制多个执行元件而组成的复杂液压系统，大多被应用于起重机、挖掘机、推土机等工程机械上。在分析该类由多路换向阀组成的液压系统时，各个子系统的组成结构容易确定，分析的难点是子系统之间的连接关系。本模块将以汽车起重机为例，根据模块一中介绍的液压系统原理图分析方法及分析步骤，对由手动多路换向阀、平衡回路、制动回路等回路组成的汽车起重机液压系统原理图进行分析，并给出系统的特点及分析该类系统的分析技巧。

2.1 汽车起重机概述

汽车起重机是将起重机安装在汽车底盘上的一种起重运输设备，由于具有机动灵活、能以较快速度行走的作业特点，因此成为工程建筑行业常用的工程机械之一。汽车起重机主要由行驶部分及作业部分两部分组成，其中作业部分又包括变幅机构、伸缩机构、起升机构、回转机构和支腿机构，汽车起重机的外形结构示意图如图 2-1 所示，汽车起重机的实物照片如图 2-2 所示。

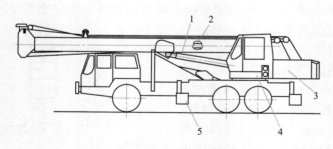

图 2-1　汽车起重机结构示意图

1—变幅机构；2—伸缩臂机构；3—起升机构；4—回转机构；5—支腿

图 2-2　汽车起重机实物照片

由于液压系统具有功率重量比大的优势，因此汽车起重机作业机构的所有动作都是在液压驱动下完成的。例如汽车起重机的吊臂变幅动作、吊臂伸缩动作、起升动作、回转动作以及支腿动作，都是在液压系统的驱动下完成的。在所有机构运行过程中，液压系统起着至关重要的作用。

汽车起重机液压系统的关键件包括主液压泵、主控制阀、支腿操纵阀、主副卷扬和回转减速机等，主液压泵由底盘发动机驱动，主控制阀分别控制回转、伸缩、变幅及卷扬作业动作，支腿操纵阀通过底盘单侧或两侧操纵杆控制支腿同时或单独工作。汽车起重机的作业机构操纵方式通常可以采用手柄操作和电液先导控制两种，电液先导控制是目前国内最为先进的操纵方式。在汽车起重机液压系统中包含了多种形式的液压基本回路，例如平衡回路、锁紧回路、制动回路、减压回路以及换向回路等。

2.2 了解汽车起重机液压系统

根据模块一中分析液压系统原理图的方法和步骤，在分析汽车起重机液压系统各部分的工作原理之前，首先要了解汽车起重机液压系统的工作任务、工作要求和动作循环。

汽车起重机要完成的工作任务就是起吊和转运货物，由于汽车起重机执行元件需要完成的动作较为简单，位置精度要求低，因此汽车起重机的大部分作业机构采用手动操纵方式即可。

作为起重机械，除了完成必要的起吊和转运货物的工作任务外，保证起重作业中的安全也是至关重要的问题，因此在液压系统的设计上，采取必要的保护措施、保证汽车起重机作业的安全是液压系统设计的重要目标之一。

虽然汽车起重机的动作精度要求低，但对作业的安全性要求高。因此，汽车起重机液压系统的设计要能够保证各动作机构的动作安全。保证安全动作的要求如下。

❶ 起吊重物时不准落臂，必须落臂时应将重物放下重新升起作业，此时，伸缩和变幅机构的液压回路必须采用平衡回路。

❷ 回转动作要平稳，不准突然停转，当吊重接近额定起重量时，不得在吊离地面0.5m以上的空中回转。

❸ 起重机在起吊重载时应尽量避免吊重变幅，起重臂仰角很大时不准将起吊的重物骤然放下，防止后倾，这些都要求汽车起重机液压系统的子系统之间采用适当的连接关系。

❹ 汽车起重机不准吊重行驶。

❺ 防止出现"拖腿"和"软腿"事故。

❻ 防止出现"溜车"现象。

对于汽车起重机液压设备，要完成的动作主要包括起升、伸缩、变幅、回转动作及支腿伸出和缩回动作，每个工作机构要完成的动作循环简单，但整个液压设备的工作机构较多，工作机构之间的互锁、防干涉等关系复杂。

了解上述汽车起重机的工作任务和动作要求，有助于后续液压系统工作原理的分析和理解。

2.3 初步分析

初步分析汽车起重机液压系统的目的主要是浏览整个液压系统。明确液压系统的组成元件，初步分析各元件功能及用途，以便根据组成元件对汽车起重机液压系统进行分解，必要时还应先对元件进行重新编号。

2.3.1 确定系统组成元件及功能

　　某型号汽车起重机液压系统的原理图如图 2-3 所示，浏览整个液压系统，可以看出整个液压系统由哪些元件组成。

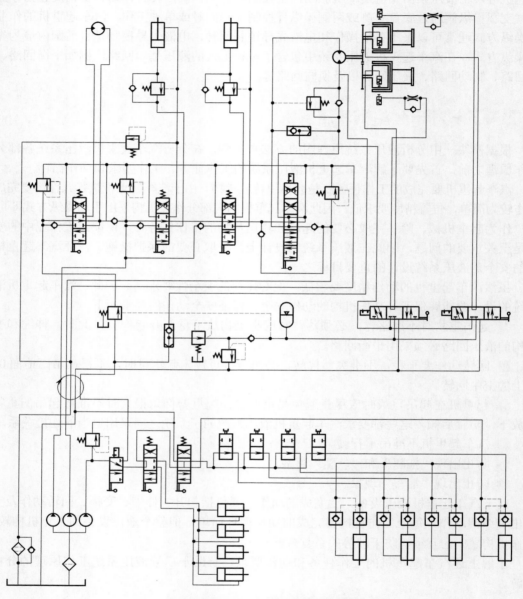

图 2-3　汽车起重机液压系统原理图

　　按照能源元件、执行元件、控制调节元件以及辅助元件的浏览顺序确定图 2-3 汽车起重机液压系统的组成元件，并初步确定各个元件的功能。

（1）能源元件

　　3 个同轴连接的定量液压泵，为整个液压系统提供油源。

（2）执行元件

4个水平支腿液压缸，实现水平支撑的作用；

4个垂直支腿液压缸，实现垂直支撑的作用；

1个伸缩液压缸，使吊臂（手臂）伸缩；

1个变幅液压缸，使吊臂变幅；

1个回转定量液压马达，使起重设备回转；

1个起升定量液压马达，使吊重起升或下落；

2个制动液压缸，使起升液压马达制动；

2个离合器液压缸，使卷筒与起升液压马达接合。

（3）控制调节元件

2个三位四通弹簧复位式手动换向阀，分别操纵水平和垂直支腿的动作；

1个两位三通钢球定位式手动换向阀，使油路在支腿和工作机构之间切换；

4个转阀式手动开关阀，控制垂直支腿液压缸的动作；

2个三位五通钢球定位式手动换向阀，控制离合器和制动器动作；

3个三位六通弹簧复位式手动换向阀，分别操纵回转、伸缩和变幅机构；

1个五位六通钢球定位式手动换向阀，操纵起升动作；

6个溢流阀（安全阀），调定系统工作压力；

1个减压阀，使离合器和制动器回路得到低于主回路的压力；

1个顺序阀，实现蓄能器充液和工作机构的顺序动作；

3个平衡阀，构成平衡回路；

2个梭阀，使控制油始终为压力油；

8个液控单向阀，形成双向液压锁；

2个固定节流孔，防止冲击；

若干个单向阀，防止油液倒流。

（4）辅助元件

1个蓄能器，作辅助油源和应急油源；

1个油箱，储存油液；

2个过滤器（精滤和粗滤），过滤油液。

2.3.2 给元件编号

由于图2-3所示的汽车起重机液压系统原理图中没有对液压元件进行编号，为了便于分析，应该首先对原理图中的所有元件进行编号。可以把为同一个工作机构服务的所有元件编上相关的符号，采用字母编号和数字编号两种编号方式都可以。例如图2-3中为支腿垂直缸机构服务的所有元件，如果采用字母编号方式，可编号为：

4个支腿垂直液压缸　　zcg1、zcg2、zcg3、zcg4

8个液控单向阀　　zcf1、zcf2、zcf3、zcf4、zcf5、zcf6、zcf7、zcf8

4个转阀　　zcf9、zcf10、zcf11、zcf12

采用字母编号方式，按照相关元件进行编号的汽车起重机液压系统原理图如图2-4所示。

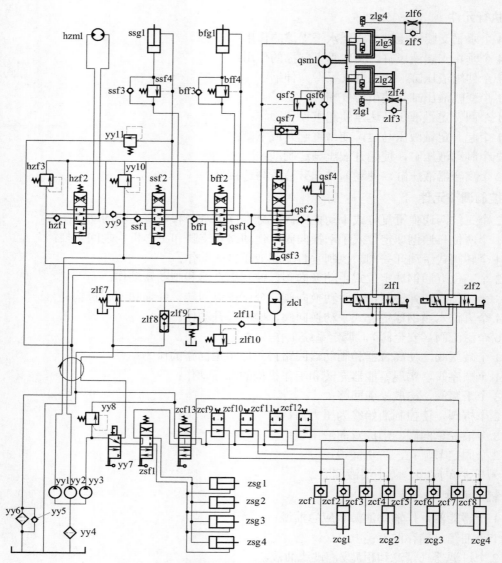

图 2-4　汽车起重机液压系统原理图字母编号方式

如果采用数字编号方式，图 2-3 中为支腿垂直缸服务的所有元件可编号为：

4 个支腿垂直液压缸	1.1、1.2、1.3、1.4
8 个液控单向阀	1.5、1.6、1.7、1.8、1.9、1.10、1.11、1.12
4 个转阀	1.13、1.14、1.15、1.16

采用数字编号方式，按照相关元件进行编号的汽车起重机液压系统原理图如图 2-5 所示。

图 2-4 和图 2-5 中，液压油源元件或同时为多个机构服务的元件采用了单独编号的方式进行编号。

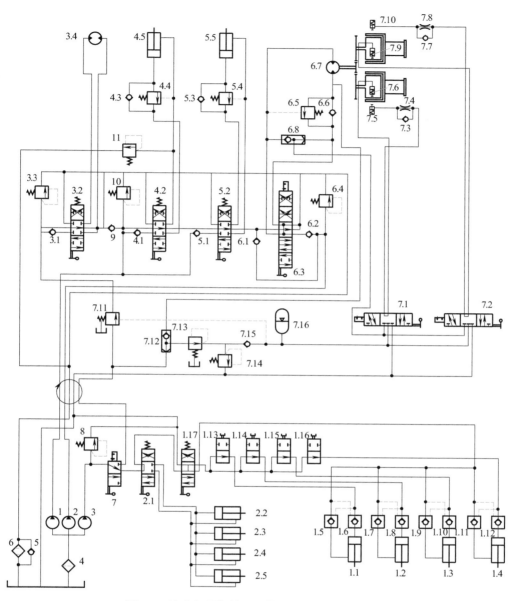

图 2-5　汽车起重机液压系统原理图数字编号方式

2.4　整理和简化油路

图 2-3 中汽车起重机液压系统原理图的油路连线交叉，连接关系复杂，因此应该对原理图进行整理和简化。

2.4.1　缩短油路连线

在图 2-4 的汽车起重机液压系统原理图中，为了使原理图的绘制整齐、美观，并且为了使油路连接到同一个中心回转接头，某些油路的连接线被连接到很远的位置，这样就增加了原理图阅读的难度。为便于阅读，可缩短某些连接线。例如缩短图 2-4 中阀 hzf2、ssf3、ssf4以及 qsf5 的回油连线，在这 4 个阀附近添加一个油箱符号，使得这四个阀在原理图上能够就近回油，这样更便于原理图的阅读。汽车起重机液压系统原理图缩短回油连线方法如图 2-6所示。其中连线上的"×"号表示在原来给出的原理图上该连线可以被删除。

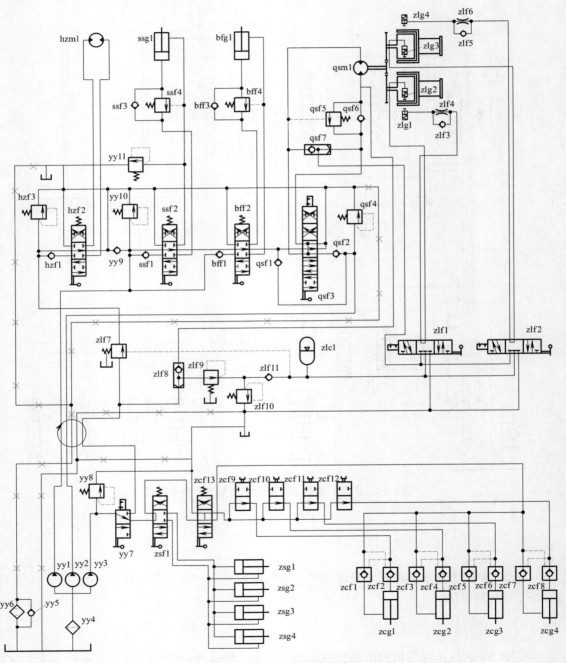

图 2-6　缩短回油连线方法

2.4.2 省略某些元件

为使复杂的液压系统原理图便于阅读，除了缩短油路连线外，还应省略某些对系统动作原理影响不大的元件。

（1）省略辅助元件

蓄能器、滤油器等辅助元件往往不影响系统工作原理的分析，因此可以省略。例如去掉

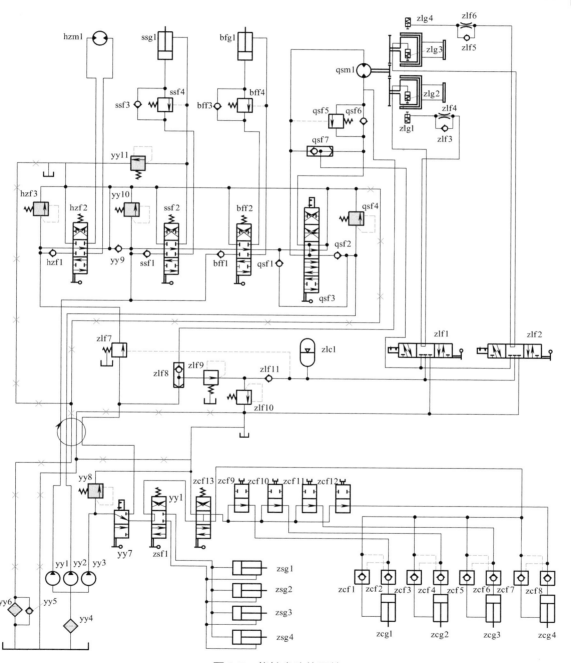

图 2-7 能够省略的元件

图 2-4 中滤油器元件 yy4、yy5 和 yy6，可使系统原理图简化，但并不影响系统工作原理的分析。对于蓄能器，如果其功能是消除系统的压力脉动和冲击，则在分析系统时，该蓄能器可以省略；如果蓄能器用于储存油液或作辅助油源，则蓄能器不能省略。图 2-4 中，蓄能器在减压阀之后，用于储存油液和作辅助或应急油源，因此不能省略。

（2）去掉安全阀、背压阀等元件

在液压系统中，往往有些元件的功能是不随工作过程的变化而变化的，例如安全阀、溢流阀以及背压阀等元件。安全阀或溢流阀起安全保护或调压作用，背压阀起增加回油阻尼的作用，这些元件在不同工作阶段所起的作用是相同的，因此，为简化油路，往往可以省略这些元件，而只分析那些在不同工作阶段工作状态不同的元件。例如图 2-4 的汽车起重机液压系统原理图中，如果去掉各个起调压或安全保护作用的溢流阀，则系统原理图会大大简化。

（3）省略重复的元件或回路

图 2-4 中汽车起重机液压系统同时拥有四套垂直支腿回路和四套水平支腿回路，可以看出，四套垂直支腿回路和四套水平支腿回路的组成元件都相同，因此其功能和动作原理也是相同的。在系统分析时，只分析一套垂直支腿回路和一套水平支腿回路的动作原理即可。图 2-4 中有两套相同的制动器和离合器机构，因此只分析其中一套机构的液压系统即可。

图 2-4 汽车起重机液压系统原理图中，能够省略的液压元件如图 2-7 所示的阴影部分。

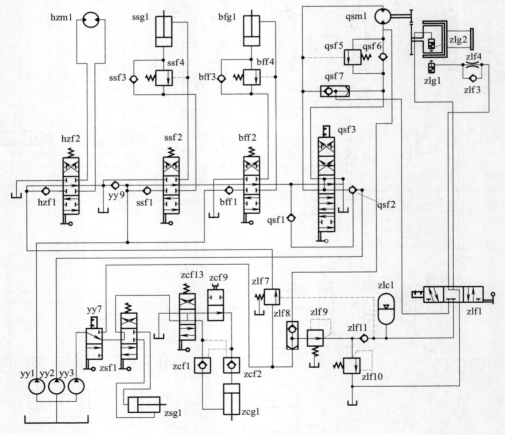

图 2-8　简化原理图

对图 2-4 中汽车起重机液压系统原理图进行整理、简化以及重新编号后，系统原理图如图 2-8 所示。图 2-8 所示的汽车起重机液压系统原理图更加简单，易于阅读，划分子系统更加容易，各子系统之间的关系更加明了。

2.5 将系统分解成子系统

在了解和掌握了液压基本回路工作原理的基础上，如果把复杂的液压系统分解为由基本回路组成的子系统，再对每个子系统套用基本回路的分析方法，则液压系统原理图的分析更加容易。

2.5.1 划分子系统

按照模块一中划分子系统的方法，汽车起重机液压系统由多个执行元件组成，因此根据执行元件个数对图 2-8 所示的简化液压系统进行子系统的划分。图 2-8 中液压系统虽然有回转液压马达、伸缩液压缸、变幅液压缸、起升液压马达、垂直支腿缸、水平支腿缸、制动缸以及离合器缸八个执行元件，但制动缸和离合器缸的作用相互关联，因此可以把这两个执行元件划分为一个子系统，于是整个汽车起重机液压系统可以被分解为七个子系统。把每一个子系统的所有组成元件放在同一个点划线框中，如图 2-9 所示。

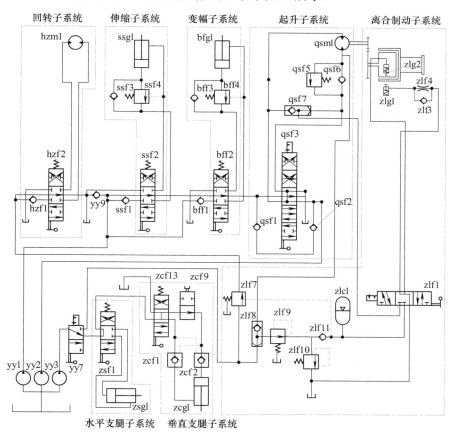

图 2-9 子系统划分及命名

2.5.2　给子系统命名

　　划分子系统后，应该给各个子系统命名或编号，以便进行后续的分析和比较。命名时可以根据子系统的用途，采用中文或英文字母进行命名，也可以采用数字进行命名。例如图2-9中各子系统，根据各子系统的用途，分别命名为垂直支腿（zc）子系统、水平支腿（zs）子系统、回转（hz）子系统、伸缩（ss）子系统、变幅（bf）子系统、起升（qs）子系统、离合制动（zl）子系统。

2.5.3　绘制子系统原理图

　　根据图2-9中液压子系统的划分结果，重新绘制各个子系统的原理图，以便单独分析各个子系统的动作原理。在绘制子系统原理图时，为了能够更加详尽地描述各个子系统的组成，以便更好地分析子系统的功能及动作原理，可将某些省略的元件再恢复到原来的位置。由于该汽车起重机液压系统由3个定量液压泵供油，油源结构相对简单，因此不必把油源单独划分为一个子系统。在绘制子系统原理图时，为使子系统原理图简化，可以省略液压泵，不把液压泵绘制到各个子系统中，因此绘制从液压泵到执行元件的汽车起重机各个子系统原理图，分别如图2-10～图2-16所示。由于梭阀的作用是始终保证使高压油被连接到系统或控制油油路，其对整个系统的工作原理分析不产生影响，因此图2-15的起升子系统和图2-16的离合制动子系统原理图中都省略了梭阀。

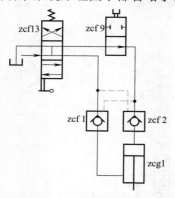

图2-10　垂直支腿子系统

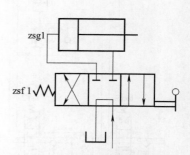

图2-11　水平支腿子系统

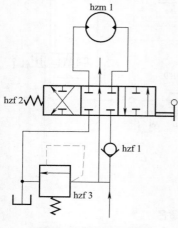

图2-12　回转子系统

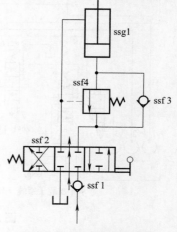

图2-13　伸缩子系统

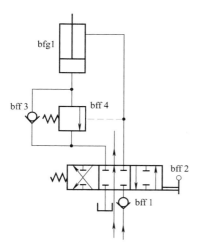

图 2-14　变幅子系统

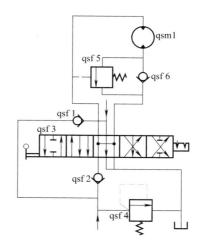

图 2-15　起升子系统

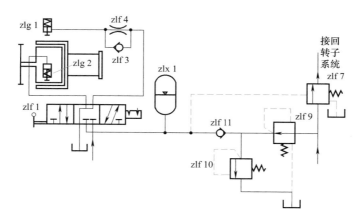

图 2-16　离合制动子系统

2.6　分析各子系统

　　把复杂的由多个执行元件组成的汽车起重机液压系统分解为多个子系统后，每个子系统只有一个执行元件，因此结构简单、易于分析。此时每个子系统可以被归结为一个或多个基本回路，根据基本回路的特点及工作原理对各个子系统进行分析。在对汽车起重机液压系统各个子系统进行分析时，应首先分析汽车起重机液压系统各个子系统的结构组成、各个执行元件要实现的动作循环，然后对动作循环过程中各个动作过程的动作原理进行分析，绘制油路路线图，并列写出不同工作过程中进油路和回油路的液压油工作路线。

2.6.1　垂直支腿子系统分析

　　垂直支腿子系统原理图见图 2-10，该子系统由液压缸、液控单向阀、转阀和手动操纵阀组成。在图 2-3 中垂直支腿子系统有四个动作原理相同的回路，由于四个垂直支腿液压缸的动作原理是相同的，因此只分析其中一个垂直支腿回路即可。

图 2-10 的垂直支腿子系统中执行元件的动作由两个液控单向阀控制，两个液控单向阀形成双向液压锁，因此垂直支腿子系统的基本回路为锁紧回路。双向液压锁对垂直支腿液压缸起到任意位置锁紧的作用，其工作原理可查阅有关采用液控单向阀实现的双端任意位置锁紧回路的原理介绍。垂直支腿缸要实现的动作有支腿伸出、支腿缩回以及任意位置支撑三个动作。

（1）支腿伸出

在支腿伸出动作过程中，液控单向阀 zcf2 直接打开，液控单向阀 zcf1 在控制油压力作用下打开。如果要实现垂直支腿液压缸伸出，则需要手动操纵换向阀 zcf13，使其工作在上位，转阀 zcf9 置于下位，此时压力油经转阀 zcf9、液控单向阀 zcf2，进入垂直支腿液压缸 zcg1 的无杆腔。垂直支腿液压缸 zcg1 有杆腔油液经液控单向阀 zcf1、换向阀 zcf13 上位回油箱，此时垂直支腿液压缸 zcg1 伸出，油液路线如图 2-17 所示。支腿伸出动作过程中，进油路和回油路油液路线如下。

进油路：液压泵 yy1→换向阀 zcf13 上位→转阀 zcf9 下位→液控单向阀 zcf2→垂直支腿液压缸 zcg1 无杆腔

回油路：垂直支腿液压缸 zcg1 有杆腔→液控单向阀 zcf1→换向阀 zcf13 上位→油箱

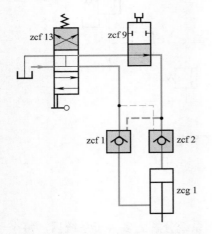
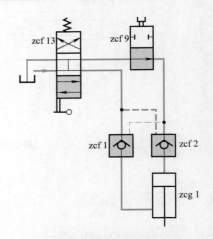

图 2-17　垂直支腿伸出油路　　　　　　　　图 2-18　垂直支腿缩回油路

（2）支腿缩回

当换向阀 zcf13 被手动置于下位、转阀 zcf9 置于下位时，此时液控单向阀 zcf1 直接打开，液控单向阀 zcf2 在控制油压力作用下打开。液压泵提供的压力油经换向阀 zcf13 下位、液控单向阀 zcf1，进入垂直支腿液压缸 zcg1 的有杆腔。垂直支腿液压缸 zcg1 无杆腔油液经液控单向阀 zcf2、转阀 zcf9 下位及换向阀 zcf13 下位回油箱，此时垂直支腿液压缸 zcg1 缩回，油液路线如图 2-18 所示。进油路和回油路油液路线省略。

（3）支撑

当换向阀 zcf13 被手动置于中位、转阀 zcf9 置于下位时，由于换向阀 zcf13 的中位机能是 H 型机能，两个液控单向阀 zcf1 和 zcf2 的控制油接回油，因此，两个液控单向阀关闭，垂直支腿液压缸保持在某一位置不动作，起到支撑的作用，油路如图 2-19 所示，进、回油油路路线省略。此时，液压泵的油液经换向阀 zcf13 中位直接回油箱，液压泵卸荷。

当支腿用于支撑起重机或在起重机行走过程中支腿收起时，两个液控单向阀关闭，使液压缸被锁紧在某一位置，防止支腿动作，避免出现支腿缩回的"软腿"现象或支腿自行滑落的"拖腿"现象。

垂直支腿子系统中，四个垂直支腿液压缸分别由四个独立的转阀式两位开关阀控制，当只打开某一个转阀而其余转阀关闭时，则可单独调节某一个液压缸的伸缩量，从而可起到支腿调平的作用。

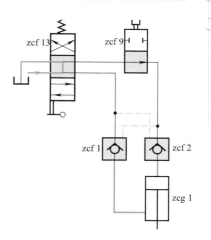

图 2-19　垂直支腿支撑油路

2.6.2　水平支腿子系统分析

水平支腿子系统原理图见图 2-11，该子系统由水平支腿液压缸和手动操纵阀组成。由于水平支腿子系统由四个动作原理相同的回路组成，因此只分析其中一个水平支腿回路即可。水平支腿液压缸的动作过程也包括支腿伸出、支腿缩回以及任意位置支撑三个动作，三个动作过程的油路图分别如图 2-20、图 2-21、图 2-22 所示，油路路线省略。

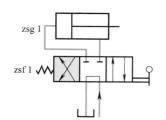

图 2-20　水平支腿伸出油路

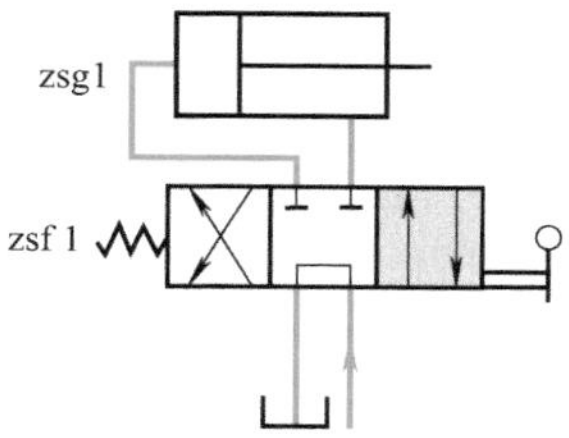

图 2-21　水平支腿缩回油路

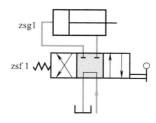

图 2-22　水平支腿支撑油路

水平支腿子系统结构简单，由一个三位四通换向阀 zsf1 控制支腿水平缸的伸出和缩回，因此该子系统就是由简单的换向回路组成的。图 2-20 中，当换向阀 zsf1 处于左位时，水平支腿液压缸 zsg1 无杆腔进油、有杆腔回油，水平支腿液压缸伸出；图 2-21 中，当换向阀 zsf1 处于右位时，水平支腿液压缸 zsg1 有杆腔进油、无杆腔回油，水平支腿液压缸缩回；图 2-22 中，当换向阀 zsf1 处于中位时，水平支腿液压缸 zsg1 的两腔封闭，水平支腿液压缸不动作。不同于垂直支腿子系统，由于水平支腿液压缸在完成水平方向的支撑动作时，水平方向基本不受负载力的作用，因此不需要液控单向阀的锁紧作用，换向阀 zsf1 的中位采用 M 型机能，使水平支腿液压缸的两腔封闭，也可以代替双向液压锁，起到使水平支腿液压缸 zsg1 锁紧的作用。但由于滑阀阀芯和阀体之间存在间隙，阀的内泄漏使水平支腿缸在负载力大的情况下则不能够长时间锁紧。

2.6.3　回转子系统分析

回转子系统是实现起重机作业部分整体回转动作的子系统，其原理图见图 2-12。图 2-12

中回转子系统由顺序阀（图中省略）、单向阀 hzf1、换向阀 hzf2、溢流阀 hzf3 以及回转液压马达 hzm1 组成。溢流阀 hzf3 的作用是调定回转动作压力，单向阀 hzf1 的作用是防止油液倒流，子系统前的顺序阀 (图中省略)，其控制油来自制动离合子系统的某一位置，可待分析制动离合子系统时再分析该顺序阀的顺序动作功能，这里只分析顺序阀开启后回转子系统的工作原理。回转子系统的动作包括顺时针回转、逆时针回转以及停止三个动作，三个动作过程中油路的连通方式分别如图 2-23、图 2-24、图 2-25 所示。

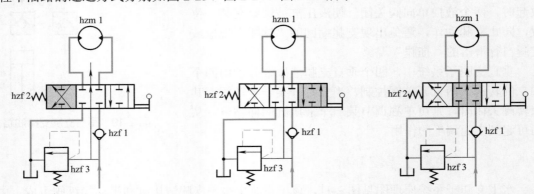

图 2-23　回转子系统顺时针回转　　　图 2-24　回转子系统逆时针回转　　　图 2-25　回转子系统停止

　　图 2-12 回转子系统的组成结构表明，回转子系统可归结为顺序动作基本回路和换向回路。顺序动作的目的是在另一个回路的动作完成后，顺序阀才能打开，回转动作才能实现。换向动作是通过操纵手动回转操纵阀 hzf2 来实现的。当换向阀 hzf2 处于左位时，回转马达 hzm1 左腔进油、右腔回油，马达顺时针回转；当换向阀 hzf2 处于右位时，回转马达 hzm1 右腔进油、左腔回油，马达逆时针回转；当换向阀 hzf2 处于中位时，回转马达两腔封闭，马达停止转动。此时液压泵 yy3 的液压油经顺序阀、回转操纵阀 hzf2 中位进入下一个子系统的操纵阀，如果后面所有子系统的操纵阀都是处于中位的，则液压泵 yy3 直接接油箱，即此时液压泵 yy3 卸荷。

2.6.4　伸缩（变幅）子系统分析

　　伸缩子系统的作用是使起重机的手臂伸长或缩短，变幅子系统的作用是使起重机的手臂抬高或落下，二者的作用都是为了调节起升或放下重物的位置。伸缩子系统原理图见图 2-13，变幅子系统原理图见图 2-14。图 2-3 的汽车起重机液压系统原理图总图中，伸缩子系统液压缸为多级的伸缩型液压缸，而变幅子系统的液压缸是普通的单杆活塞缸，除了这一点区别外，伸缩和变幅子系统的结构是完全相同的，因此伸缩子系统和变幅子系统的工作原理也相同，这里只以其中伸缩子系统为例进行分析，变幅子系统的分析过程省略。

　　图 2-13 中伸缩子系统由单向阀 ssf1、换向阀 ssf2、单向阀 ssf3、顺序阀 ssf4 以及伸缩液压缸 ssg1 组成。图中单向阀 ssf1 的作用是防止油液倒流，单向阀 ssf3 与顺序阀 ssf4 组成平衡阀，换向动作是通过操纵手动伸缩操纵阀 ssf2 来实现的，因此伸缩子系统是由平衡回路和换向回路两种基本回路组成的。

　　平衡回路通常应用于有垂直下降工况的系统中，通过在回油路上设置一定的背压来防止液压缸及与之连接的负载由于自重而超速下落或用于平衡负载。在平衡回路中，回油路上设置背压的方式有液控单向阀和平衡阀两种，其中平衡阀通常由外控或内控式顺序阀和单向阀组成，汽车起重机伸缩子系统就是采用外控式顺序阀实现的平衡回路。

伸缩子系统要完成的动作就是液压缸的伸出、缩回和停止，三个动作过程中子系统的油路图如图 2-26、图 2-27、图 2-28 所示，油路路线省略。

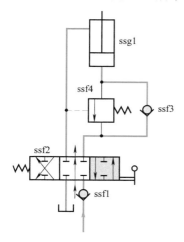

图 2-26　伸缩子系统伸出油路

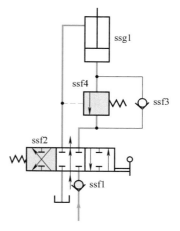

图 2-27　伸缩子系统缩回油路

如果伸缩液压缸伸出，则伸缩液压缸无杆腔进油、有杆腔回油，此时换向阀 ssf2 应处于右位，液压泵提供的油液经过换向阀右位，再经过单向阀 ssf3 进入液压缸无杆腔，此时平衡阀中顺序阀 ssf4 反向不通，单向阀 ssf3 为油液通过方向；如果伸缩液压缸缩回，则伸缩液压缸无杆腔回油、有杆腔进油，此时换向阀 ssf2 应处于左位，液压泵提供的油液经过换向阀左位，直接进入伸缩液压缸 ssg1 上腔，由于回油方向为单向阀截止方向，液压缸无杆腔的回油无法经过单向阀，只能等顺序阀开启后经过顺序阀回油，而顺序阀的开启是由进油路的压力油控制的，只有当进油达到顺序阀的调定压力时，顺序阀才能打开，伸缩液压缸回油腔才能经顺序阀回油，伸缩液压缸才能把负载放下。因此如果伸缩液压缸和负载要超速下降，则进油路压力会降低，达不到顺序阀的调定压力时，

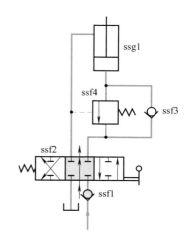

图 2-28　伸缩子系统停止油路

顺序阀关闭，回油路被截止，伸缩液压缸无法回油，因此伸缩缸和负载将无法下落，实现了平衡的目的。当换向阀 ssf2 处于中位时，伸缩液压缸两腔封闭，顺序阀 ssf4 的控制油压力低于顺序阀的调定压力，顺序阀不能够打开，因此伸缩液压缸停止动作。此时起重机起吊的重物能够被平衡在某一位置，不会由于重物的自重而自行下落，避免发生危险。

2.6.5　起升子系统分析

起升机构用来实现物料的垂直升降，是任何起重机都不可缺少的工作部分，也是起重机最主要、最基本的机构。液压驱动的起升机构由液压马达、减速器、制动器、卷筒、钢丝绳、起重钩等部分组成，利用钢丝绳滑轮组的省力功能，将重物提升，达到运输目的。

图 2-3 中汽车起重机液压系统的起升子系统原理图见图 2-15，该子系统由单向阀 qsf1、单向阀 qsf2、换向阀 qsf3、溢流阀 qsf4、顺序阀 qsf5、单向阀 qsf6 以及起升液压马达 qsm1 组成，其中顺序阀 qsf5 与单向阀 qsf6 组成平衡阀，单向阀 qsf1、qsf2 的作用是防止油液倒流，溢流阀 qsf4 的作用是限定起升或下落的最大压力。起升子系统的结构及组成元件表明该子系统的工作原理与伸缩和变幅子系统相类似，由平衡回路和换向回路组成，其中液压马达的换向通过操纵带定位装置的手动起升操纵阀 qsf3 来实现，平衡回路的动作由平衡阀的控制实现。

（1）手动操纵阀的工作位置

图 2-15 的起升子系统原理图中，手动起升操纵阀 qsf3 有五个工作位置，分别定义为左 1、左 2、中、右 1、右 2，如图 2-29 所示。

当该操纵阀处于中位时，油源提供的油液将经过该阀中位直接回油，P 口、A 口、B 口和 O 口都连通，C 口与 D 口也连通，如图 2-30 所示，系统卸荷。

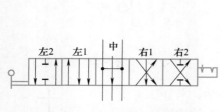

图 2-29　操纵阀工作位置

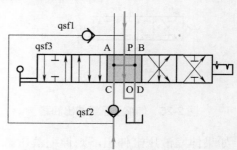

图 2-30　操纵阀中位

当操纵阀 qsf3 工作在右 1 位置时，如图 2-31 所示，P 口接 B 口，A 口接 O 口，C 口接 D 口再接油箱。此时，由前一个子系统进入操纵阀 qsf3 的油液将直接回油箱，因此只有 yy2 一个液压泵提供的油液进入执行机构，起升液压马达将实现慢速转动。

当操纵阀 qsf3 工作在右 2 位置时，如图 2-32 所示，P 口接 B 口，A 口接 O 口，C 口与 D 口不通。由于经前一个子系统进入操纵阀 qsf3 的液压泵 yy1 提供的油液在这一位置不能直接回油箱，而只能经单向阀 qsf1 与液压泵 yy2 提供的油液汇合后，再进入执行机构，因此此时有两个液压泵（泵 yy1 和泵 yy2）提供的油液同时进入起升液压马达，起升液压马达将实现快速转动。可见，操纵阀 qsf3 的这一工作位置能够实现合流的作用。

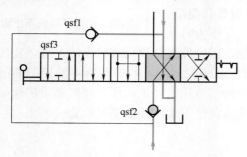

图 2-31　操纵阀右 1 位

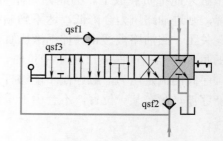

图 2-32　操纵阀右 2 位

可见，手动操纵阀 qsf3 工作在右 1 和右 2 工作位置时，油路的区别在于是否能够实现合流。同理，当手动操纵阀 qsf3 工作在左 1 和左 2 的工作位置时，油路的连接关系与操纵阀处于右1和右2的工作位置时油路的连接关系相似，二者的区别也在于油路是否能够实现合流。左1位置不能实现合流，左2位置能够实现合流。操纵阀 qsf3 工作在左位和工作在右位的区别在于，工作在左位时，油路 P 口接 A 口，B 口接 O 口，油路图及油路分析省略。

上述手动操纵阀的工作位置分析表明，起升子系统要完成的动作有快升、慢升、停止、快降、慢降，分别对各个动作过程进行分析，绘制油路图。

（2）快降

当手动操纵阀 qsf3 处于左2工作位置时，起升液压马达 qsm1 上腔进油、下腔回油，马达逆时针回转。此时，前一子系统的供油和液压泵 yy2 供油同时进入液压马达上腔，液压马达快速旋转，起升子系统把起升的物料或负载快速放下。回油路上平衡阀中单向阀截止，顺序阀 qsf5 在进油路控制油压力作用下打开，马达下腔回油。当马达在负载的作用下要快速下落时，马达进油腔压力会降低，此时顺序阀 qsf5 的控制压力将不能够达到顺序阀的调定压力，顺序阀自动关闭，马达将停止转动，从而避免负载的超速下落。此时油路的连接方式如图 2-33 所示，进油路和回油路可列写为：

进油路：

液压泵 yy2 ↘
　　　　　　单向阀 qsf2 →换向阀 qsf3 左2位→起升液压马达 qsm1 上腔
液压泵 yy1 →单向阀 qsf1 ↗
回油路：
起升液压马达 qsm1 下腔→顺序阀 qsf5 →操纵阀 qsf3 左2位→油箱

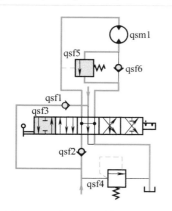

图 2-33　起升子系统快降油路

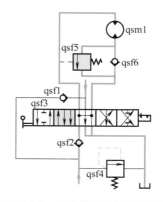

图 2-34　起升子系统慢降油路

（3）慢降

当换向阀 qsf3 处于左1位时，起升液压马达 qsm1 上腔进油、下腔回油，马达仍然逆时针回转，但此时前一子系统由液压泵 yy1 提供的油液直接回油箱，不供给起升子系统，因此起升子系统只由液压泵 yy2 供油，液压马达转速将低于操纵阀 qsf3 处于左2位时液压马达的转速。其他元件的动作原理与起升子系统快降动作过程中的动作原理相同。此时起升子系统连接油路如图 2-34 所示。

（4）快升

当手动操纵阀 qsf3 处于右 2 工作位置时，起升液压马达 qsm1 下腔进油、上腔回油，马达顺时针回转。此时，前一子系统的供油和液压泵 yy2 供油同时进入液压马达下腔，液压马达快速旋转，起升子系统把物料或负载快速升起。由于液压马达上腔回油，顺序阀 qsf5 的控制压力很低，进油路上顺序阀 qsf5 关闭，单向阀 qsf6 处于通油开启的状态，因此进油由单向阀 qsf2 进入液压马达下腔。此时起升子系统油路的连接方式如图 2-35 所示，进油路和回油路可列写为：

进油路：

液压泵 yy2

单向阀 qsf2→换向阀 qsf3 右 2 位→单向阀

qsf6→起升液压马达 qsm1 下腔

液压泵 yy1→单向阀 qsf1

回油路：

起升液压马达 qsm1 上腔→操纵阀 qsf3 右 2 位→油箱

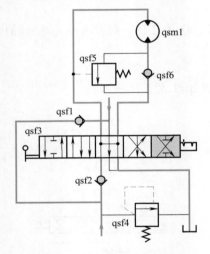

图 2-35　起升子系统快升油路

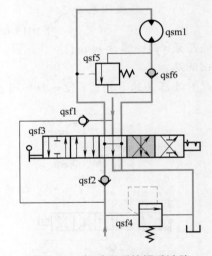

图 2-36　起升子系统慢升油路

（5）慢升

当换向阀 qsf3 处于右 1 位时，起升液压马达 qsm1 下腔进油、上腔回油，马达仍然顺时针回转，但此时前一子系统由液压泵 yy1 提供的油液直接回油箱，不供给起升子系统，因此起升子系统只由液压泵 yy2 供油，液压马达转速将低于操纵阀 qsf3 工作在右 2 位时液压马达的转速。子系统中其他元件的动作原理与起升子系统快升动作过程中的动作原理相同。此时起升子系统连接油路如图 2-36 所示。

（6）停止

当操纵阀 qsf3 处于中位时，起升液压马达 qsm1 两腔通过操纵阀 qsf3 与油箱连通，液压泵可实现卸荷。当起升液压马达上有负载力矩作用时，或重物被吊起在空中时，重物由于自重使液压马达向放下重物的方向转动，此时由于平衡阀关闭，液压马达下腔无法回油，液压马达不转动，从而使重物能够被平衡在空中某一位置。起升子系统停止工作时油路连接如图 2-37 所示。

2.6.6 离合制动子系统分析

在汽车起重机的起升机构完成吊装或起重作业时，经常需要将起升液压马达固定在某一转角状态下，维持重物或负载在一定位置保持不动或吊重静止在空中不下滑。如果起升机构不具有这个能力，就有重物或负载坠落的危险。虽然起升回路中通常配备平衡阀起平衡重物和防止重物超速下落的作用，但平衡阀的内泄漏使平衡阀不能够保证起升机构长时间地平衡重物。所以，起升机构还必须要配备制动器，而且制动器应采用常闭形式。

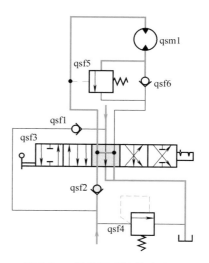

图 2-37　起升子系统停止油路

一般起重机的起升机构只安装一个制动器，通常装在高速轴上（也有装在与卷筒相连的低速轴上），而吊运危险品（如熔化的金属液体）时，每套独立的驱动装置则往往安装两个制动器，每个制动器都要保证单独发挥作用。万一某个制动器失效时，另一个制动器可以接替发挥作用、保证安全，这种关键部件的备份就是汽车起重机的安全冗余原则。例如图 2-3 的汽车起重机液压系统中起升子系统上就安装了两套相同的制动器和离合器子系统，起到了安全冗余的作用。由于两套子系统的结构和工作原理相同，这里只分析其中一个子系统即可。虽然制动器和离合器是两个执行机构，但二者关系密切，其作用相互制约，因此把二者划归到一个子系统中进行分析。

制动器和离合器子系统原理图见图 2-16，由于梭阀的作用只是使子系统总能够得到压力油的作用，因此该子系统原理图中省略了图 2-4 原理图中的梭阀 zlf8。制动器和离合器子系统由制动液压缸 zlg1、离合器液压缸 zlg2、手动操纵阀 zlf1、单向阀 zlf3 和 zlf11、节流阀 zlf4、减压阀 zlf9、安全阀 zlf10、蓄能器 zlx1 以及顺序阀 zlf7 组成，其中制动液压缸和离合器液压缸都是单作用的活塞缸，单向阀 zlf3 和节流阀 zlf4 共同作用，使制动器液压缸进油慢、排油快，制动器延时张开，迅速紧闭，起到上闸快、松闸慢的作用，以避免卷筒启动或停止过程中出现溜车下滑的现象。减压阀 zlf9 的作用是使制动器和离合器子系统得到比主工作油路低的工作压力，顺序阀 zlf7 的作用是实现蓄能器充液和回转子系统的顺序动作，只有在蓄能器充液结束后，顺序阀的控制油压力达到顺序阀的调定压力时，顺序阀才能打开，回转子系统才能够工作，其工作原理分析省略。

制动器和离合器子系统包括减压回路、顺序动作回路、蓄能器供油回路以及换向回路等基本回路，要完成的动作有制动、离合器接合（简称接合）以及制动器和离合器都分离（简称分离）三个动作。

当手动操纵阀 zlf1 工作在左位时，压力油经操纵阀 zlf1 左位进入离合器缸 zlg2，离合器缸活塞伸出，卷筒与起升液压马达输出轴接合；此时压力油也经操纵阀 zlf1 左位进入制动器缸 zlg1，制动器缸活塞缩回，制动器与液压马达输出轴分离，从而实现离合器接合，制动器松闸，卷筒旋转，重物起升或下降。油路图如图 2-38 所示，进油和回油路线如下。

进油路 1：减压阀 zlf9 → 单向阀 zlf11 → 操纵阀 zlf1 左位 → 离合器缸 zlg2

进油路 2：操纵阀 zlf1 左位 → 节流阀 zlf4 → 制动器缸 zlg1

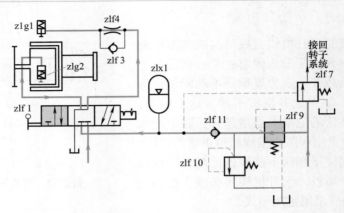

图 2-38　离合器接合

当手动操纵阀 zlf1 换向到中位时，制动器缸 zlg1 和离合器缸 zlg2 都接回油，两缸都在弹簧作用下排油，制动器缸活塞伸出、离合器缸活塞缩回，于是制动器缸把起升液压马达输出轴抱紧，离合器缸 zlg2 使得卷筒与起升液压马达输出轴分离，卷筒停止转动，重物保持在空中某一位置。此时液压泵 yy3 供油压力达到减压阀 zlf9 的调定压力，减压阀关闭。制动器上闸，离合器分离，油路图如图 2-39 所示，该动作情况下制动器缸和离合器缸都回油，回油路线如下。

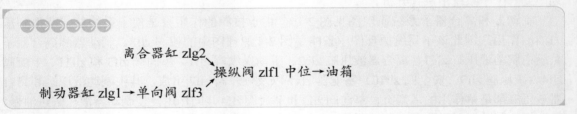

离合器缸 zlg2

　　　　　　　　　→ 操纵阀 zlf1 中位 → 油箱

制动器缸 zlg1 → 单向阀 zlf3

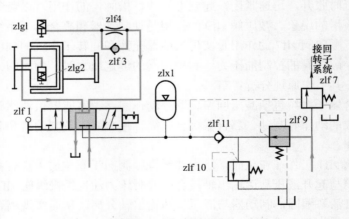

图 2-39　制动器制动

当手动操纵阀 zlf1 工作在右位时，压力油经减压阀 zlf9 减压后、再经手动操纵阀 zlf1 右位进入制动器缸 zlg1，制动器缸活塞缩回，制动器松闸。同时，离合器缸 zlg2 经手动操纵阀 zlf1 右位回油，离合器缸活塞也缩回，离合器使卷筒与起升液压马达脱开，此时液压马达输出轴既不与离合器接合也不与制动器接合，重物可以在外力作用下实现自由下放。油路图如图 2-40 所示，进油和回油路线如下。

进油路：减压阀 zlf9→单向阀 zlf11→操纵阀 zlf1 右位→制动器缸 zlg1
回油路：离合器缸 zlg2→手动操纵阀 zlf1 右位→油箱

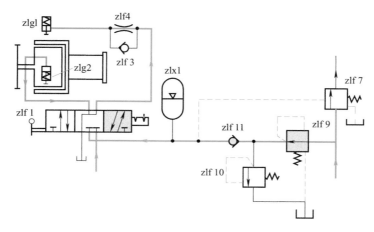

图 2-40 离合器和制动器都分离

离合器缸以及制动器缸均有泄漏油，实际应用时，一般把泄漏油连回油箱。这里省略了这部分油路。

2.7 分析各子系统的连接关系

汽车起重机液压系统各个子系统的动作原理分析清楚后，把各个子系统再合并起来，分析各个子系统之间的连接关系。子系统之间的连接关系是通过子系统的操纵换向阀来实现的，因此只要分析各个换向阀的油路连接关系即可。

2.7.1 工作机构子系统连接关系

回转、伸缩、变幅和起升液压子系统的四个操纵阀油路连接关系如图 2-41 所示，其中回转、伸缩和变幅操纵阀是三位六通换向阀，起升操纵阀是五位六通换向阀。回转操纵阀的供油接液压泵 yy3，伸缩和变幅操纵阀的供油接液压泵 yy1，起升操纵阀的供油接液压泵 yy2。

由于伸缩操纵阀和变幅操纵阀的供油都连接到液压泵 yy1 的出油，两操纵阀的回油都各自接油箱，因此伸缩子系统和变幅子系统属并联连接方式，在负载相同的情况下，两子系统

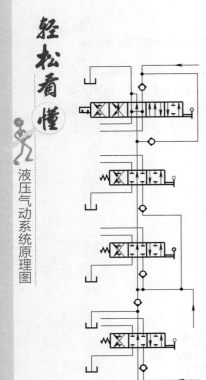

图 2-41　工作机构子系统
连接方式

可同时动作，以提高起重机手臂位置调整的速度和工作效率。

回转操纵阀由液压泵 yy3 提供的液压油经回转操纵阀、与伸缩操纵阀由液压泵 yy1 提供的液压油一起进入伸缩操纵阀，成为伸缩操纵阀的供油，而回转操纵阀的回油和伸缩操纵阀的回油均直接接油箱，因此回转子系统和伸缩子系统之间的连接方式为顺序单动方式，只有回转动作完成后，后面的伸缩和变幅子系统才能同时由液压泵 yy3 和液压泵 yy1 同时供油，而在执行回转动作时，伸缩和变幅子系统只能由液压泵 yy1 供油，液压泵 yy3 的油液不能同时供给伸缩和变幅子系统，防止伸缩和变幅动作影响回转液压马达的正常回转，使马达出油口压力过高或流量被分流。

起升操纵阀连接两个供油油路，一是液压泵 yy2 供油油路，一是液压泵 yy1 或液压泵 yy3 经回转、伸缩和变幅操纵阀的供油油路。根据本模块前述内容，起升操纵阀工作在左 2 和右 2 位置时，两个供油油路能够实现合流。但此时起升子系统前面的回转、伸缩和变幅子系统都不能工作，如果前述子系统动作，则不能实现合流，防止手臂位置调整过程中快速起升或放下重物而发生危险。当起升操纵阀工作在左 1 和右 1 工作位置时，起升子系统由液压泵 yy2 单独供油。

可见，汽车起重机工作机构液压子系统之间采用了顺序动作、并联以及合流等多种连接方式，以满足起重机复杂的动作需要，并保证起重机的动作安全。

2.7.2　支腿子系统连接方式

汽车起重机的支腿子系统包括水平支腿子系统和垂直支腿子系统，每个子系统又分别由四个支腿回路组成。图 2-3 的汽车起重机液压系统原理图中水平支腿子系统的四个支腿液压缸采用进油和回油并联的方式，以实现同步动作，如图 2-42 所示，每个水平支腿缸的动作及工作位置不能单独调整。虽然采用进油和回油并联的方式实现同步动作时同步精度不高，但对于负载力很小的水平支腿缸子系统也能够满足精度要求。

垂直支腿子系统的四个支腿液压缸分别由一个转阀式二位二通开关阀控制，如图 2-43 所示。垂直支腿子系统的四个液压缸也是采用进油和回油并联的方式实现同步，但通过四个转阀的通断，能够单独调整某一个液压缸的工作位置，从而使起重机能够在水平方向调平，调整过程中四个垂直支腿子系统可以互不干扰。

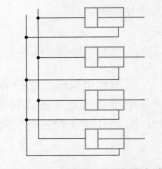

图 2-42　水平支腿缸连接方式

垂直支腿子系统和水平支腿子系统的动作由垂直支腿操纵阀和水平支腿操纵阀控制，两个操纵阀的连接方式如图 2-44 所示。图 2-44 中水平支腿操纵阀的回油进入垂直支腿操纵阀，成为垂直支腿操纵阀的进油，因此两个子系统的连接方式属串联方式，在负载力小的情况下，两个子系统可以同时工作，实现动作的复合，即水平支腿缸和垂直支腿缸可以同时伸出或缩回，以提高支腿动作的效率。

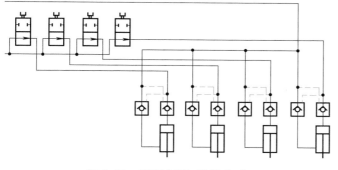

图 2-43　垂直支腿缸连接方式

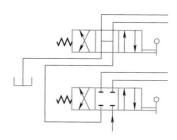

图 2-44　垂直支腿和水平
支腿子系统连接方式

2.7.3　离合制动子系统连接关系

为确保安全，采用两套制动器和离合器子系统，这两个子系统分别由两个手动操纵阀控制，两个操纵阀油路的连接方式如图 2-45 所示。图 2-45 表明，两个操纵阀进油分别与液压泵的供油相连，回油直接回油箱，因此两个制动器和离合器子系统的连接方式是并联连接方式，两个子系统可以单独工作，也可以同时工作。

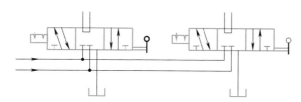

图 2-45　离合制动子系统连接方式

2.8　总结整个系统特点及分析技巧

分析汽车起重机液压系统各子系统的动作原理及子系统之间的连接关系后，对所分析液压系统的特点及分析该类液压系统时能够采用的分析技巧进行总结。

2.8.1　系统特点

通过上述汽车起重机液压系统原理图的详尽分析，对该类汽车起重机液压系统的特点总结如下。

❶ 根据汽车起重机的工作要求和动作特点，该汽车起重机采用了锁紧回路、平衡回路、换向回路、顺序动作回路、制动回路以及减压回路等基本回路，以满足系统的工作需要并保证系统的工作安全。

❷ 子系统之间采用了并联、串联、顺序动作、合流以及复合等多种连接方式，以满足汽车起重机多执行机构的复杂动作需要，保证多个执行机构实现同步、互锁以及防干扰的动作要求。

❸ 采用手动调节换向阀开度大小的方式来调整工作机构的动作速度，对于控制精度要

求不高的汽车起重机液压系统，该操作方式方便灵活，但劳动强度稍大一些。

④ 采用液控单向阀组成的双向液压锁形成锁紧回路，保证支腿液压缸的可靠锁紧，防止出现"拖腿"和"软腿"事故，该锁紧方式简单、可靠，且有效时间长。

⑤ 在平衡回路中，采用由单向阀和顺序阀组成的平衡阀，以平衡重物，或防止在起升、吊臂伸缩和变幅作业过程中因重物自重而下落，该平衡方法工作可靠，但在一个方向有背压，造成一定的功率损失，且有效时间短。

⑥ 在多缸卸荷回路中，采用三位换向阀的 M 型或 H 型机能，使液压泵经三位换向阀的中位卸荷，以节约能源，该卸荷方式简单，节能效果好。

⑦ 采用多泵供油的方式为整个汽车起重机液压系统提供油源，一个液压泵工作时，其他液压泵可以实现卸荷，这样比采用一个大流量的液压泵更加经济，节能效果更好。

⑧ 在制动回路中，采用有单向节流阀和单作用液压缸构成的制动器，能够实现上闸快、松闸慢的动作特点，确保起升动作的安全。

2.8.2　分析技巧

图 2-3 中汽车起重机液压系统由多种基本回路、多种子系统连接方式组成，在对这类复杂系统进行分析时，能够采用的分析技巧包括：

❶ 在粗略浏览液压系统的组成时，根据液压系统的组成元件，初步确定一个复杂的液压系统由哪些基本回路组成，以便确定是否有不熟悉的元件和不熟悉的基本回路。

❷ 在图 2-3 汽车起重机液压系统中，根据执行元件划分的各个子系统内部还有结构和功能相同的多个分子系统，例如支腿子系统，除了分成垂直支腿子系统和水平支腿子系统之外，垂直支腿子系统和水平支腿子系统又分别由四个功能相同的支腿缸分子系统组成。在划分子系统时，可把多个功能相同的分子系统简化为一个子系统，这样划分出的子系统个数少，易于分析。

❸ 由多种子系统连接方式组成的复杂液压系统，尤其是当图 2-3 汽车起重机液压系统的子系统内部又包含了分子系统时，各子系统之间连接方式的分析是十分困难的。在分析这类复杂液压系统中各个子系统之间的连接方式时，应先分析子系统内部各个分子系统之间的连接方式，再分析子系统之间的连接方式。由于图 2-3 汽车起重机液压系统有多种子系统连接方式，例如各个支腿垂直缸分子系统之间是并联连接方式，而起升和伸缩子系统之间是串联连接方式，因此应先分析支腿垂直缸分子系统之间的连接关系，再分析垂直支腿子系统和水平支腿子系统之间的连接关系，然后再分析支腿子系统与其他子系统之间的连接关系。

模块三

组合机床液压系统原理图分析

动画演示

在机床行业中液压系统的应用非常普遍。例如应用在数字控制机床、仿形机床、车床、拉床、磨床、刨床、镗床、冲床、锻压机床、组合机床、机械手和自动线等设备，完成工件的定位、加工、输送等工作过程。液压系统在机床行业的应用通常要考虑到动作循环、调速和系统效率等问题，因此多采用各种动作循环控制方式、调速方式和节能措施。本模块将以组合机床液压系统为例，介绍由行程控制回路、变速回路、调速回路、压力继电器控制以及背压回路等回路组成的液压系统的分析方法及分析技巧。

3.1 组合机床概述

组合机床是一种高效率的专用机床，以具有一定功能的通用部件为基础，配以按工件特定形状和加工工艺设计的一部分专用部件和夹具，而组成半自动或自动专用机床。组合机床的组成结构如图 3-1 所示，实物照片如图 3-2 所示，其中通用部件有动力箱 3、动力滑台 4、

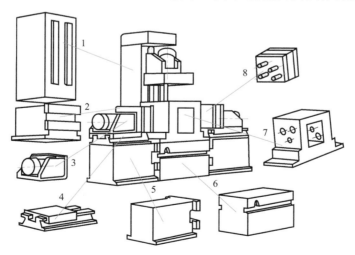

图 3-1　组合机床组成结构图

1—立柱；2—立柱底座；3—动力箱；4—动力滑台；5—侧底座；6—中间底座；7—夹具；8—多轴箱

图3-2　组合机床实物图

支承件（侧底座5、立柱1、立柱底座2、中间底座6）和输送部件（回转和移动工作台）等，而专用部件有多轴箱8和夹具7。组合机床通常采用多轴、多刀、多面、多工位同时加工的方式，能完成钻、扩、铰、镗孔，攻螺纹，车、铣、磨削及其他精加工工序，生产效率比通用机床高几倍至几十倍。由于通用部件已经标准化和系列化，可根据需要灵活配置，能缩短设计和制造周期。因此，组合机床加工范围广，自动化程度高，兼有低成本和高效率的优点，在成批或大量生产中得到了广泛应用，并且可用以组成自动生产线。

组合机床一般用于加工箱体类或特殊形状的零件。加工时，工件一般不旋转，由刀具的旋转运动和刀具与工件的相对进给运动来实现钻孔、扩孔、锪孔、铰孔、镗孔、铣削平面、切削内外螺纹以及加工外圆和端面等。有的组合机床采用车削头夹持工件使之旋转，由刀具做进给运动，也可实现某些回转体类零件（如飞轮、汽车后桥半轴等）的外圆和端面加工。

专用机床是随着汽车工业的兴起而发展起来的。在专用机床中某些部件因重复使用，逐步发展成为通用部件，因此产生了组合机床。

通用部件按功能可分为动力部件、支承部件、输送部件、控制部件和辅助部件五类。

动力部件是为组合机床提供主运动和进给运动的部件。主要有动力箱、切削头和动力滑台。

支承部件是用以安装动力滑台、带有进给机构的切削头或夹具等的部件，有侧底座、中间底座、支架、可调支架、立柱和立柱底座等。

输送部件是用以输送工件或主轴箱至加工工位的部件，主要有分度回转工作台、环形分度回转工作台、分度鼓轮和往复移动工作台等。

控制部件是用以控制机床的自动工作循环的部件，有液压站、电气柜和操纵台等。辅助部件有润滑装置、冷却装置和排屑装置等。

液压系统由于具有结构简单、动作灵活、操作方便、调速范围大、可无级连续调节等优点，在组合机床中得到了广泛应用。

3.2　了解系统的工作任务、动作要求和工作循环

液压系统在组合机床上主要是用于实现工作台的直线运动和回转运动，例如各个动力箱和刀具的快速进退及切削进给，此外还用于实现工件夹紧和输送等动作。图3-1中组合机床的动力箱安装在动力滑台上，动力箱上的电动机带动刀具实现主运动，而动力滑台用来完成刀具的进给运动。多数动力滑台采用液压驱动，以便实现自动工作循环（快进、Ⅰ工进、Ⅱ工进和快退等）。多种进给可根据工艺要求安排在一个工序中，还可以用多个动力滑台同时进行加工，这就要求液压系统的设计能够实现多个结构的同时动作。此外，在工件加工过程

轻松看懂

液压气动系统原理图

中，不同的工艺要求动力滑台产生不同的进给速度，因此要求液压系统应具有良好的调速功能。

通常组合机床在工作过程中要完成一系列的动作循环，例如首先工件由定位缸进行定位，液压夹紧缸夹紧，当工件夹紧后，压力继电器发出电信号；然后如果有回转工作台，这时回转工作台完成抬起—转位—落下的动作循环；最后一个或多个液压动力滑台同时实现快进—工进—快退—原位停止的动作循环，即液压动力滑台要实现同步动作。动力滑台完成动作循环后，回转工作台完成抬起—复位—落下的动作循环，然后液压夹紧缸松开，定位缸缩回，至此组合机床完成一个完整的动作循环。由于组合机床的动作循环复杂，动作步骤多，要实现精确可靠的动作循环，则要求液压系统具有很高的自动化程度和自动控制能力，因此液压系统必须与电气控制相结合，应尽可能使用电磁铁、行程开关、压力继电器等电气控制元件。

组合机床中定位缸、夹紧缸以及回转工作台的动作循环相对简单，由于动力滑台要完成两次或两次以上的进给动作，因此动力滑台的动作循环往往比较复杂。如图 3-3 所示，如果动力滑台要实现二次进给，则动力滑台要完成的动作循环通常包括原位停止→快进→工进Ⅰ→工进Ⅱ→死挡铁停留→快退→原位停止。

图 3-3　组合机床动力滑台动作循环

3.3　初步分析

在初步分析组合机床的液压系统原理图时，主要是粗略浏览整个液压系统，明确组合机床液压系统的组成元件及功能，有必要的话对组合机床液压系统原理图中所有元件进行重新编号。

3.3.1　确定组成元件及功能

待分析的组合机床液压系统原理图如图 3-4 所示，按照先分析能源元件和执行元件，再分析控制调节元件及辅助元件的原则，分析图 3-4 中组合机床液压系统的组成元件及其功能。

（1）能源元件

1 个变量液压泵，给整个系统提供流量可变的油源。

（2）执行元件

6 个液压缸，其中 4 个单杆活塞缸、1 个双杆活塞缸、1 个缓冲缸，分别驱动动力滑台、夹紧、定位以及工件输送工作装置。

（3）控制调节元件

6 个电磁换向阀，操纵 6 个工作机构的动作；

6 个开关阀，切换油路；

4 个调速阀，调定工进速度；

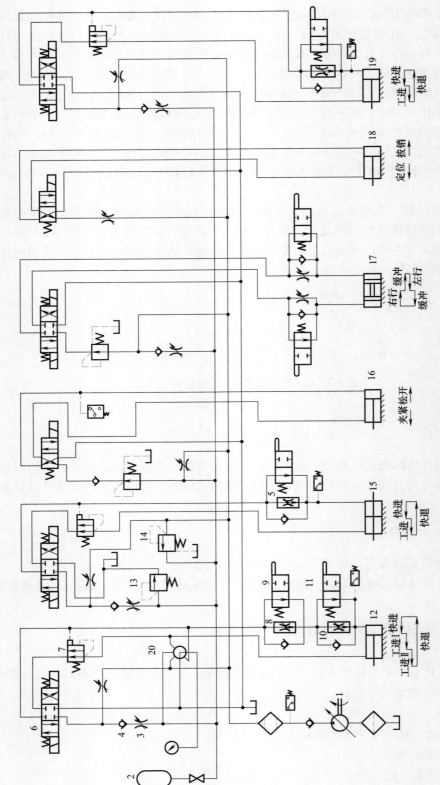

图 3-4 组合机床液压系统原理图

1—液压泵；2—蓄能器；3—节流阀；4—单向阀；5,8,10—调速阀；6—三位四通电磁换向阀；7—顺序背压阀；
9,11—二位二通行程阀；12—滑台Ⅰ工作缸；13—溢流阀；14—顺序阀；15—滑台Ⅱ工作缸；
16—夹紧缸；17—输送进缸；18—定位缸；19—滑台Ⅲ工作缸；20—压力表

若干个节流阀，调速、防止油路相互干扰、增加阻尼、防止冲击；

若干个单向阀，防止油液倒流；

2 个减压阀，使支回路得到低于主回路的压力；

1 个溢流阀，调定蓄能器的充液压力；

4 个图形符号不熟悉的液压阀。

（4）辅助元件

1 个蓄能器和蓄能器开关阀，作辅助油源；

2 个滤油器，过滤油液；

若干个压力继电器，控制电磁换向阀电磁铁的通断；

1 个压力表，检测油路压力；

1 个压力表开关，使压力表检测油路不同位置的压力。

3.3.2　分析特殊元件

粗略浏览图 3-4 的组合机床液压系统原理图，该原理图中除了上述熟悉的常用元件外，还有 3 个图形符号相同、编号为 7 的液压元件，可能是大多数人所不熟悉的，应查找相关参考资料，了解其结构、工作原理和功能。

经查找相关资料，图 3-4 中编号为 7 的元件被称为顺序背压阀，其功能主要是在控制油压力低时，顺序背压阀双向导通；在某一工作方向，当控制油压力达到顺序阀的调定压力时，顺序背压阀在有背压的情况下导通。顺序背压阀的结构多种多样，不同型号的顺序背压阀具有不同的结构。

一种 BXY-Fg6D 型顺序背压阀的结构如图 3-5 所示，该阀由主阀芯 1、阀体 2、调节机构 3、控制阀芯 4、端盖 5 以及调压弹簧 6 等组成，阀体上有 A 口、B 口、C 口、O 口四个连接油口。其中 A 口为控制油口，B 口和 C 口连接进油或回油，O 口为泄漏油口。A 口通过阀体上的环形流道与控制阀芯 4 底部的控制腔连通，当 A 口油液压力小于主阀芯上调压弹簧的调定压力时，控制阀芯和主阀芯都不动作，此时 B 口和 C 口在没有背压的情况下连通；当 A 口油液压力大于主阀芯上调压弹簧的调定压力时，主阀芯 1 在控制阀芯 4 推动下向右移动，B 口和 C 口通过主阀芯上的三角槽阻尼口连通，因此 B 口和 C 口之间存在一定的背压，此时顺序背压阀在有背压的情况下导通。

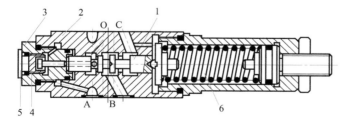

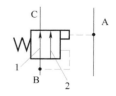

图 3-5　BXY-Fg6D 型顺序背压阀结构　　　　图 3-6　顺序背压阀图形符号

如果参考资料或其他途径找不到顺序背压阀的有关介绍资料，通常根据液压控制阀的图形符号也能够推断出液压控制阀的工作原理及功能，因此对于图 3-4 的组合机床液压系统原理图中不熟悉的液压阀，也可以从该阀的图形符号推测出该阀的动作原理及功能。图 3-6 为顺序背压阀的图形符号，该图形符号中方框表示该顺序背压阀的阀体，两个箭头表示阀的连通方式或阀芯的工作方式，虚线表示控制油的连接方式，该阀有三个连接油口，即 A 口、B 口和 C 口，顺序背压阀的控制油分别连接到 A 口和 B 口。

当 A 口控制油压力没有达到顺序背压阀的调定压力时，箭头 1 处于工作位置，箭头 2 处于不工作位置，此时 B 口和 C 口在没有背压的情况下连通；当 A 口控制油压力达到顺序背压阀的调定压力时，箭头 2 处于工作位置，箭头 1 处于不工作位置，此时 B 口和 C 口在有背压的情况下连通。当 C 口为进油口时，顺序背压阀直接导通。

除了液压系统原理图中顺序背压阀 7 是大多数人所不熟悉的元件外，有可能编号为 20 的压力表开关也不被大多数人所熟悉。查找相关资料，该压力表开关为多接点式压力表开关，在结构上相当于一个转阀，利用该转阀的不同连通方式，使用一个压力表即可读出油路中多个位置的工作压力，多接点式压力表外形和结构如图 3-7 所示，其中 6 为压力表，转阀由阀芯 1、旋钮 2、阀套 3、阀体 4、制动装置 5 等组成。

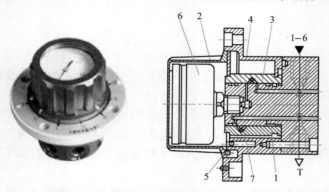

图 3-7　多接点式压力表外形及结构图

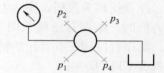

图 3-8　多接点式压力表开关的图形符号及油路连接方式

旋转旋钮 2 和与它连接的阀套 3，直到旋钮 2 上的指针指向多个测试点中的一个，于是这一个特定的测试口与压力表 6 接通。为了使压力表 6 卸压，在两个测试点之间设有卸荷点，这样，压力表 6 经由阀套 3 上的斜孔 7 和回油口 T 相连，内部制动装置 5 用来固定任何选定的压力表与测试点连通的位置。多接点式压力表开关的使用不但大大减少了压力表的使用数量，而且使回路结构更加紧凑。

除了查找有关资料外，还可以从该元件的图形符号进行分析，图 3-4 的组合机床液压系统原理图中编号为 20 的元件图形符号及油路连接关系如图 3-8 所示。从图形符号可以看出，该元件为转阀，有六个连接油口，其中一个油口接压力表，一个油口接油箱，当转阀转动时，各个连接油口分别与压力表连通，当压力表需要卸荷时，压力表与油箱连通。因此通过该元件的作用，使用一个压力表即可测量液压缸两腔、蓄能器供油和液压泵出口四个位置的工作压力，起到了多接点压力表开关的作用。

3.3.3　给元件编号

图 3-4 中组合机床液压系统的原理图上给出了某些元件的编号，但有些元件没有给出编号。为了便于分析和列写油路路线，应该对原理图中所有元件进行编号，原图中已经编号的液压元件，也可以进行重新编号。图 3-4 中组合机床液压系统原理图采用字母编号如图 3-9 所示，采用数字编号如图 3-10 所示。

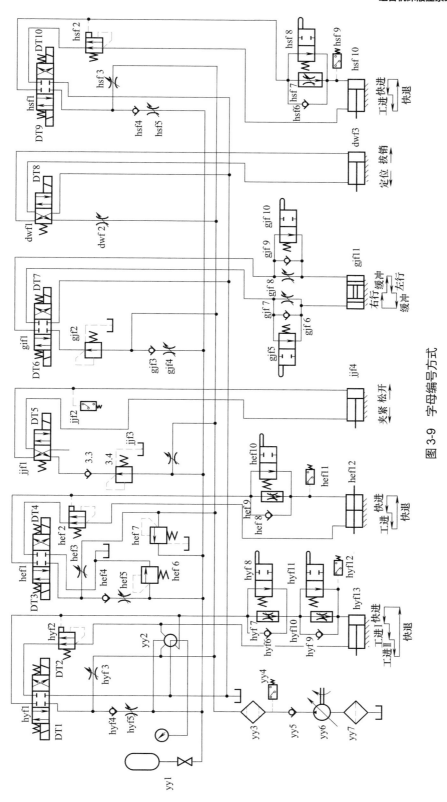

图 3-9 字母编号方式

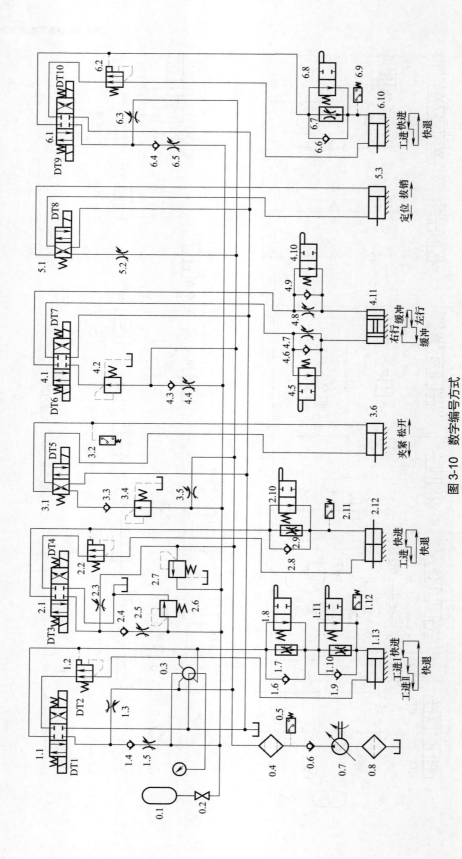

图 3-10 数字编号方式

为节省篇幅，在后续的分析过程中，只对图 3-10 中采用数字编号方式的组合机床液压系统原理图进行分析。

3.4 整理和简化油路

图 3-10 中组合机床液压系统原理图油路连线复杂，分支多，可以通过缩短油路连线、删掉不必要的元件以及简化元件符号等方法进行简化，还可以通过重新绘制原理图的方法，把原理图绘制成便于分析的形式，然后再进行子系统的分析。

（1）简化油路连线

图 3-10 的组合机床液压系统原理图中，只有一条供油总线和一条回油总线，所有子系统的供油和回油都连接到这两条总线上，供油和回油连线交叉，因此在进行系统分析时容易产生失误，应采用拆分总回油线、增加油箱符号和回油符号以及就近回油的方法进行油路连线的简化。例如各个方向控制阀的回油线不连接到总回油线上，而是在各个方向控制阀的附近增加一个回油符号，简化油路连线的方法如图 3-11 所示。

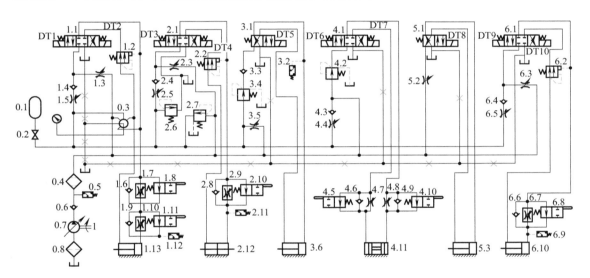

图 3-11 缩短油路连线图

（2）省略元件

图 3-10 所示的组合机床液压系统原理图中滤油器 0.8、滤油器 0.4、压力表以及多接点式压力表开关对原理图的分析影响不大，因此可以去掉滤油器元件和压力表以及压力表开关元件。根据组合机床的动作要求以及蓄能器的工作位置，图 3-10 中蓄能器的作用应该是作辅助油源，因此不能够省略该元件。压力继电器的作用往往是利用油路中的压力变化来控制换向阀电磁铁的通断，从而控制油路的通断或换向，因此压力继电器与液压系统的动作密切相关，在原理图中不应省略。在组合机床液压系统原理图中把能够省略的元件省略后，原理图如图 3-12 所示。

（3）绘制等效油路

图 3-12 简化的组合机床液压系统原理图中各个执行元件与该执行元件的方向控制阀

分布在供油总线的两侧，不利于进行原理图的分析和阅读，因此对原理图进行整理，把执行元件与该执行元件的控制阀排列到供油总线的同一侧，然后重新绘制原理图，如图 3-13 所示。

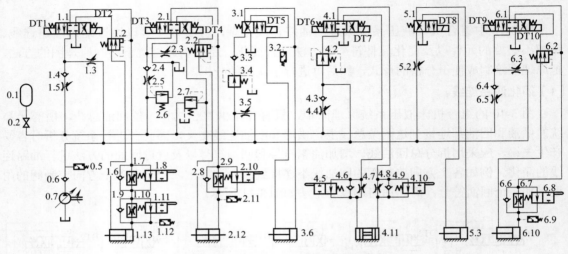

图 3-12　省略元件后的液压系统原理图

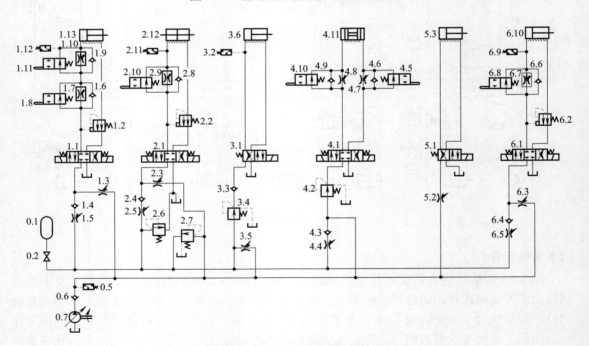

图 3-13　重新绘制的原理图

3.5　划分子系统

图 3-13 重新绘制的等效组合机床液压系统原理图比图 3-4 中的原理图更加易于阅读，子

系统的划分更加容易。由于组合机床液压系统由多个执行元件组成，因此按照执行元件的个数对该液压系统进行子系统的划分。

3.5.1　子系统划分及编号

图 3-13 组合机床液压系统原理图中有 6 个执行元件，因此可以划分为 6 个子系统。由于整个系统由一个液压泵和一个蓄能器供油，油源结构简单，因此不必单独把油源划分为一个子系统。在图 3-13 中等效液压系统原理图上用双点划线框划分出 6 个子系统，然后对各个子系统进行编号或命名，可以用数字方式进行编号，也可以根据各个子系统的用途进行命名。例如可以编号为子系统 1、子系统 2、子系统 3 等，也可以命名为滑台Ⅰ子系统、定位子系统、夹紧子系统等，组合机床液压系统各个子系统的划分及命名如图 3-14 所示。

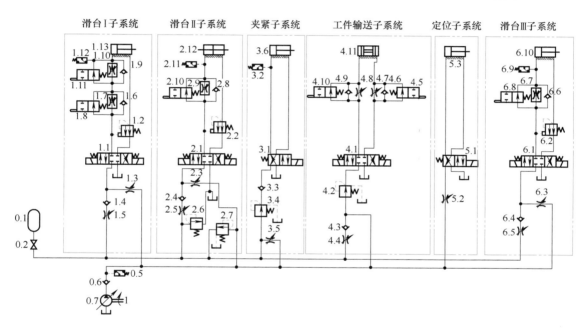

图 3-14　子系统划分及命名

由于液压泵和蓄能器有可能同时为多个子系统供油，因此在绘制子系统原理图时，液压泵或蓄能器有可能会出现在多个子系统原理图中。

3.5.2　绘制子系统原理图

图 3-14 表明组合机床液压系统包含了 6 个子系统，分别是滑台Ⅰ子系统、滑台Ⅱ子系统、滑台Ⅲ子系统、定位子系统、夹紧子系统以及工件输送子系统。对于组合机床液压系统，在对各个子系统进行分析之前，应首先绘制出从油源到执行元件的各个子系统原理图，然后再对各个子系统进行工作原理分析。

组合机床液压系统各个子系统的原理图分别如图 3-15 ～图 3-20 所示。

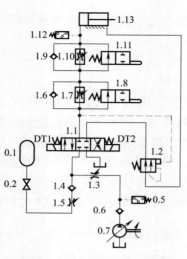

图 3-15 滑台Ⅰ子系统

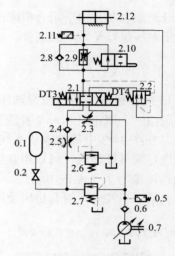

图 3-16 滑台Ⅱ子系统

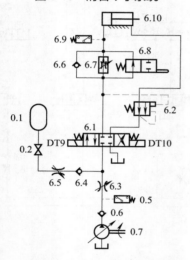

图 3-17 滑台Ⅲ子系统

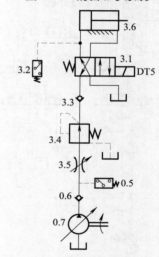

图 3-18 夹紧子系统

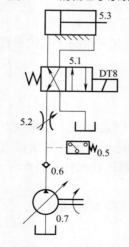

图 3-19 定位子系统

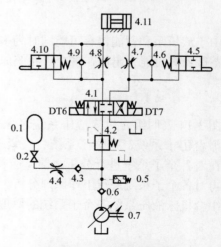

图 3-20 工件输送子系统

3.6 分析各子系统

由多个执行元件组成的组合机床液压系统被分解为多个子系统后，每个子系统只包含一个执行元件，因此结构简单、易于分析。首先分析各个子系统的结构组成，然后把每个子系统归结为一个或多个基本回路，根据基本回路的特点及工作原理对各个子系统进行分析。

分析过程中除了要列写各种动作情况下执行元件的进油路和回油路线外，还应给出不同工作情况下该液压子系统中所有电磁铁的动作顺序表。

3.6.1 滑台Ⅰ子系统分析

滑台Ⅰ子系统原理图见图3-15，该子系统由液压缸、电磁换向阀、行程阀、调速阀、单向阀、顺序背压阀以及压力继电器等元件组成。调速阀用于调节滑台的工进速度，蓄能器和液压泵出口的节流阀用于增加阻尼、防止冲击，行程阀用于控制系统的动作切换。对滑台Ⅰ子系统组成元件的分析表明，该子系统中包含了调速回路、变速回路、换向回路、蓄能器供油、压力继电器控制以及背压回路等基本回路。

图 3-21　滑台Ⅰ子系统动作循环

在原来给出的系统原理图图3-4中已经给出了该组合机床液压系统各个执行机构的动作循环，滑台Ⅰ子系统要完成的动作循环如图3-21所示，实现的动作有快进、工进Ⅰ、工进Ⅱ、快退、原位停止五个动作。根据该滑台子系统的动作循环对子系统动作原理进行分析，给出进油和回油路线，并列写电磁铁动作顺序表。

（1）快进

如果滑台Ⅰ前进，则液压缸1.13无杆腔进油，有杆腔回油。如果要实现液压缸快速前进，则液压缸无杆腔需要大量油液，由于快进时工作压力低，液压泵以最大起始流量供油，此外还可以由蓄能器和液压泵同时供油，以满足大流量的需要。此时，电磁铁DT1通电，DT2断电，电磁换向阀工作在左位，两个行程阀打开。滑台Ⅰ实现快进的油路如图3-22所示，进油和回油路线可表示为：

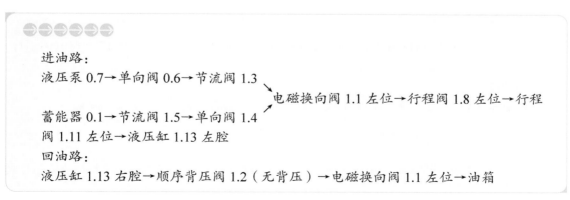

（2）工进 I

当滑台 I 完成快进后，液压缸处于工进开始的位置，此时液压缸上的挡块把行程阀 1.8 的推杆压下，行程阀 1.8 关闭，原来流经行程阀 1.8 的油液只能流经调速阀 1.7，调速阀 1.7 可以起到调节工进速度的目的。图 3-4 中组合机床液压原理图没有表示出各个液压缸上的挡块，液压缸上的挡块压下行程阀的动作只能根据液压系统和组合机床的工作经验来推断。

由于油液流经调速阀 1.7 后再进入液压缸，此时液压缸运动速度降低，调速阀 1.7 进口压力升高，即单向阀 1.4 出口压力升高，因此单向阀 1.4 关闭，该回路不再由蓄能器供油，只由液压泵供油。此时液压泵出口压力也升高，由于液压泵为变量泵，其输出流量与液压泵出口工作压力有关，出口压力升高，液压泵输出流量减小，直到与调速阀所需要的流量相适应为止。因此采用变量液压泵和调速阀进行调速，达到了节能和调速的双重目的。

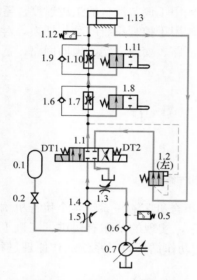

图 3-22　滑台 I 快进油路

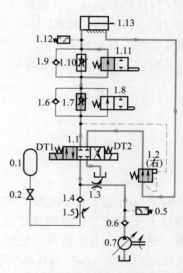

图 3-23　滑台 I 工进 I 油路

同时，由于调速阀进口压力又是顺序背压阀的控制压力，这一压力升高使顺序背压阀动作，顺序背压阀在有较大背压的情况下导通，回油路上产生较大背压，使工进速度平稳。工进 I 的油路图如图 3-23 所示，进油和回油路线如下。

◆◆◆◆◆◆◆◆

进油路：

液压泵 0.7→单向阀 0.6→节流阀 1.3→电磁换向阀 1.1 左位→调速阀 1.7→行程阀 1.11 左位→液压缸 1.13 左腔

回油路：

液压缸 1.13 右腔→顺序背压阀 1.2（有背压）→电磁换向阀 1.1 左位→油箱

（3）工进 II

当滑台 I 完成工进 I 后，液压缸处于工进 II 开始的位置，此时液压缸上的挡块把行程阀 1.11 的推杆也压下，行程阀 1.11 关闭，原来流经行程阀 1.11 的油液只能流经调速阀 1.10，调速阀 1.10 可以起到进一步调节工进速度的目的，调速阀 1.10 的开口量小于调速阀 1.7 的开口量，此时进入液压缸的流量进一步减小，液压缸运动速度进一步降低，实现滑台的 II 工进。此时液压泵的输出流量也进一步减小。单向阀 1.4 仍然关闭，该回路只由液压泵供油，顺序背压阀仍然处于背压导通的工作情况，回油路上有较大背压，工进速度平稳。工进 II 的油路图如图 3-24 所示，进油和回油路线略。

（4）快退

当滑台 I 完成工进 II 后，液压缸运动到行程端点，此时液压泵继续供油，液压缸无杆腔压力继续升高，升高到压力继电器 1.12 调定压力时，压力继电器 1.12 控制电磁铁 DT1 断电、DT2 通电，电磁换向阀 1.1 换向到右位，液压缸有杆腔进油，无杆腔回油。

➤➤➤➤➤➤➤

注意：哪一个压力继电器控制哪一个电磁铁的通断，只能表示在电路控制图上，液压系统原理图上无法表示，因此只能根据液压系统和组合机床的经验知识进行推断。

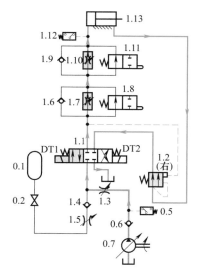

图 3-24　滑台 I 工进 II 油路

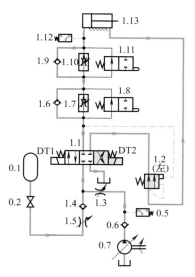

图 3-25　滑台 I 快退油路

油路换向后，由于回油路压力低，顺序背压阀的控制压力达不到顺序阀动作的调定压力，因此顺序背压阀回复到原来位置，直接导通。同时由于行程阀 1.8 和 1.11 的推杆仍然被压下，行程阀 1.8 和 1.11 仍然关闭，从单向阀 1.6 和单向阀 1.9 回油。由于快退时单向阀 1.4 出口压力低，蓄能器和液压泵同时供给液压缸油液，液压泵又以最大起始流量供油，以满足液压缸快速动作时的大流量需要。滑台 I 快退的油路图如图 3-25 所示，进油和回油路线如下。

⊙⊙⊙⊙⊙⊙

进油路：

液压泵 0.7→单向阀 0.6→节流阀 1.3

电磁换向阀 1.1 右位→顺序背压阀

1.2→液压缸 1.13 右腔

蓄能器 0.1→节流阀 1.5→单向阀 1.4

回油路：

液压缸 1.13 左腔→单向阀 1.9→单向阀 1.6→电磁换向阀 1.1 右位→油箱

（5）原位停止

当滑台 I 完成一个动作循环后，电磁铁 DT1 和 DT2 都断电，电磁换向阀 1.1 回到中位，此时单向阀 1.4 出口压力升高，单向阀关闭，蓄能器停止对滑台 I 子系统供油。由于电磁换向阀 1.1 采用了 O 型中位机能，液压泵不能够通过换向阀的中位实现卸荷。同时，由于滑台 I 子系统虽然停止工作，但其他子系统有可能仍然在工作，因此液压泵仍然需要为其他子系统供油，所以在滑台 I 间歇工作时，液压泵不能卸荷。如果所有的子系统都完成了动作循环，则液压泵出口压力不断升高，液压泵输出流量减小到接近于零，以实现卸荷。当液压泵的变量机构失效或由于某种原因液压系统的压力升高到压力继电器 0.5 的调定压力时，压力继电器可以控制电机断电，液压泵停止工作。

滑台 I 子系统动作循环过程中各个电磁铁和行程阀的动作顺序见表 3-1。

表 3-1　电磁铁和行程阀动作顺序表（滑台 I）

动作 ＼ 电磁铁和行程阀	DT1	DT2	行程阀 1.8	行程阀 1.11
快进	+	−	开	开
工进 I	+	−	关	开
工进 II	+	−	关	关
快退	−	+	关	关
原位停止	−	−	开	开

3.6.2　滑台 II 子系统分析

滑台 II 子系统原理图见图 3-16，该子系统的组成结构与滑台 I 子系统基本相同，只不过行程阀和调速阀的数量比滑台 I 子系统减少了一个，此外比滑台 I 子系统增加了一个顺序阀 2.7 和一个溢流阀 2.6。当顺序阀 2.7 开启时，液压泵能够为蓄能器充液，而充液的压力由溢流阀 2.6 调定。除了包括滑台 I 子系统的所有基本回路外，滑台 II 子系统还增加了顺序动作回路和调压回路。

根据原系统原理图，该滑台 II 子系统要完成的动作循环为快进→工进→快退→原位停止。根据滑台 II 子系统的动作循环对该子系统动作原理进行分析。

（1）快进

如果滑台 II 要完成前进的动作，则液压缸 2.12 左腔进油，右腔回油。如果要实现液压缸快速前进，同滑台Ⅰ子系统一样，油源需要供给液压缸大量油液，此时应由蓄能器和液压泵同时供油，且液压泵以最大起始流量供油，以满足大流量的需要。因此，滑台Ⅱ快进时，电磁铁 DT3 通电，DT4 断电，电磁换向阀 2.1 工作在左位，行程阀 2.10 打开，由于顺序背压阀 2.2 的控制压力低，顺序背压阀处于导通状态，回油背压很小。滑台Ⅱ实现快进的油路如图 3-26 所示，进油和回油路线省略。

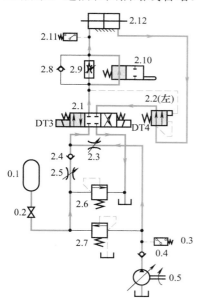

图 3-26　滑台Ⅱ快进油路

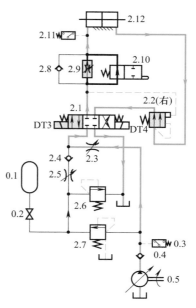

图 3-27　滑台Ⅱ工进油路

（2）工进

当滑台Ⅱ完成快进动作后，液压缸 2.12 处于工进开始的位置，液压缸 2.12 上的挡块把行程阀 2.10 的推杆压下，行程阀 2.10 关闭，原来流经行程阀 2.10 的油液只能流经调速阀 2.9，调速阀 2.9 可以起到调节工进速度的目的。由于油液流经调速阀 2.9 后再进入液压缸，此时液压缸运动速度降低，调速阀 2.9 进口压力升高，即单向阀 2.4 出口压力升高，因此单向阀 2.4 关闭，该回路不再由蓄能器供油，只由液压泵单独供油，而且与滑台Ⅰ子系统相类似，此时液压泵以减小的流量供油。同时，由于调速阀进口压力又是顺序背压阀的控制压力，这一压力的升高使顺序背压阀动作，使顺序背压阀在有较大背压的情况下导通，回油路上产生较大背压，使工进速度平稳。滑台Ⅱ工进的油路图如图 3-27 所示，进油和回油线省略。

（3）快退

当滑台Ⅱ完成工进后，液压缸 2.12 运动到行程端点，此时液压泵继续供油，液压缸左腔压力继续升高，当升高到压力继电器 2.11 调定压力时，压力继电器控制电磁铁 DT3 断电、DT4 通电，电磁换向阀 2.1 换向到右位，液压缸右腔进油，左腔回油。油路换向后，由于回油路压力低，顺序背压阀的控制压力达不到顺序背压阀的调定压力，因此顺序背压阀回复到原来位置，直接导通。同时由于行程阀 2.10 的推杆仍然被压下，行程阀 2.10 仍然关闭，回油从单向阀 2.8 回油。由于快退时单向阀 2.4 出口压力低，蓄能器和液压泵同时供给液压缸油液，满足液压缸快速动作时的大流量需要。滑台Ⅱ快退的油路图如图 3-28 所示，进油和回油路线省略。

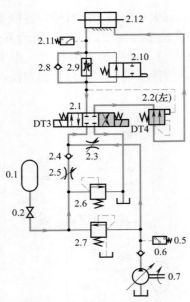

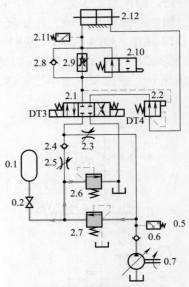

图3-28 滑台Ⅱ快退油路　　　　　　图3-29 滑台Ⅱ原位停止油路

（4）原位停止

当滑台Ⅱ完成快退的动作后，液压缸2.12运动到行程端点，此时令电磁铁DT3和DT4都断电。电磁铁DT3和DT4断电后，电磁换向阀2.1回到中位，此时液压泵继续供油，液压泵出口压力不断升高，达到顺序阀2.7的调定压力时，顺序阀打开，液压泵给蓄能器充液，充液到蓄能器的工作压力（溢流阀的调定压力）后，溢流阀2.6打开，液压泵经溢流阀2.6溢流，蓄能器停止充液。滑台Ⅱ原位停止时的油路图如图3-29所示，蓄能器充液和溢流的路线如下。

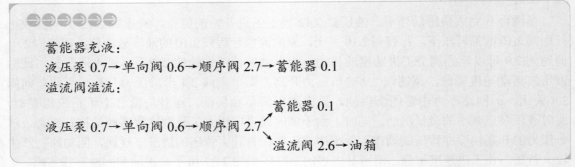

通过上述动作原理的分析，可列写滑台Ⅱ子系统动作循环过程中电磁铁和行程阀的通断情况，见表3-2。

表3-2　电磁铁和行程阀动作顺序表（滑台Ⅱ）

电磁铁和行程阀　　　　动作	DT3	DT4	行程阀2.10
快进	+	−	开
工进	+	−	关
快退	−	+	关
原位停止	−	−	开

3.6.3 滑台Ⅲ子系统分析

滑台Ⅲ子系统原理图见图3-17，该子系统的结构组成及动作原理与滑台Ⅰ和滑台Ⅱ子系统的结构组成和动作原理相似，只不过该子系统比滑台Ⅰ子系统少了一个行程阀和一个调速阀，比滑台Ⅱ子系统少了控制蓄能器充液的顺序阀和溢流阀，因此少了一个工进过程和蓄能器充液过程，比滑台Ⅰ和滑台Ⅱ子系统的动作原理都要简单，滑台Ⅲ子系统动作循环过程中电磁铁和行程阀的通断情况，见表3-3。

表3-3 电磁铁和行程阀动作顺序表（滑台Ⅲ）

动作＼电磁铁和行程阀	DT9	DT10	行程阀6.8
快进	+	−	开
工进	+	−	关
快退	−	+	关
原位停止	−	−	开

3.6.4 夹紧子系统分析

夹紧缸的作用是在对加工工件实施加工之前，对工件进行夹紧，保证准确定位，防止工件位置变化。夹紧缸的动作循环只包括夹紧和松开两个动作过程，该子系统液压系统原理图见图3-18，子系统由液压缸、减压阀、单向阀以及电磁换向阀组成，减压阀的作用是使夹紧缸的工作压力低于主进给回路的工作压力，以免夹紧力过大使工件变形或在工件上产生夹痕。由于夹紧和松开动作过程需要流量小，只要由液压泵单独供油即可满足流量需要。夹紧缸液压子系统的基本回路可归结为减压回路和换向回路两种。

（1）夹紧

要完成夹紧动作，夹紧缸3.6需左腔进油、右腔回油，因此电磁铁DT5通电。此时，夹紧缸的运动速度可由节流阀3.5进行调节，减压阀3.4用于调节夹紧的作用力，减压阀3.4和单向阀3.3也起到保证夹紧动作稳定的作用。子系统夹紧动作的油路图如图3-30所示，进油路和回油路如下。

进油路：
液压泵0.7→单向阀0.6→节流阀3.5→减压阀3.4→单向阀3.3→电磁换向阀3.1右位→液压缸3.6左腔
回油路：
液压缸3.6右腔→电磁换向阀3.1右位→油箱

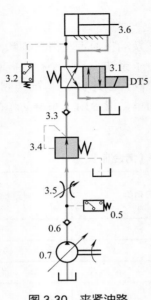

图 3-30　夹紧油路

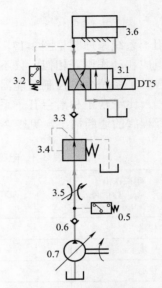

图 3-31　松开油路

当夹紧缸完成夹紧动作后，减压阀 3.4 关闭，夹紧缸 3.6 左腔工作压力不再增加，夹紧力不再增大，并且由于单向阀的作用，能够保持这一夹紧力不变。夹紧过程完成后，夹紧缸 3.6 左腔压力达到压力继电器 3.2 的调定压力时，在压力继电器 3.2 的控制下，滑台子系统中某一个或多个电磁铁通电，一个或多个滑台开始动作循环。从原理来看，压力继电器 3.2 不应控制电磁铁 DT5 的动作，因为夹紧缸完成夹紧动作后，如果压力继电器 3.2 控制 DT5 断电，则夹紧缸开始松开的动作，这与机床液压系统的动作要求不符。当工件被夹紧后，应先进行进给加工，完成加工任务后，才开始松开动作。至于夹紧子系统的压力继电器 3.2 控制哪一个滑台的电磁铁通断，这一点在原理图上无法表示出来，此时如果同时有控制电路图可供参考，则能够从电路图中进行判断。

（2）松开

由于夹紧缸完成夹紧动作后，并不是马上执行松开的动作，而是要等工件加工完成后，才能开始执行夹紧缸松开的动作，松开工件的动作应该人为控制。此时，电磁铁 DT5 断电，夹紧缸 3.6 右腔进油，左腔回油。松开动作时夹紧子系统的油路图如图 3-31 所示，进油和回油线略。

3.6.5　定位子系统分析

定位子系统液压原理图见图 3-19，该子系统结构简单，只由简单的换向回路组成。当电磁铁 DT8 通电时，电磁换向阀 5.1 工作在右位，定位液压缸活塞伸出，使工件定位；当电磁铁 DT8 断电时，电磁换向阀 5.1 工作在左位，定位液压缸活塞缩回，定位销被拔出。

由于定位缸位移量小，运动速度慢，因此只要由液压泵单独供油即可满足子系统流量的需要。子系统中电磁换向阀 5.1 控制定位和拔销的动作，节流阀 5.2 可以调节定位销定位的速度和拔销的速度，并可起到增加阻尼、防止冲击的作用，同时由于该节流阀的作用，使得液压泵的工作压力不会由于定位子系统的负载力小而降低到无法驱动其他子系统的程度。定位和拔销过程中油路图分别如图 3-32 和图 3-33 所示，进油和回油路线以及电磁铁动作顺序表省略。

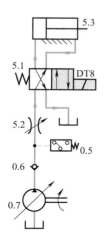

图 3-32　定位子系统定位油路

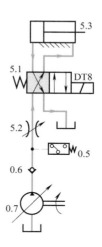

图 3-33　定位子系统拔销油路

3.6.6　工件输送子系统分析

　　工件输送子系统是用以输送工件或主轴箱至加工工位的系统，其工作台形式有分度回转工作台、环形分度回转工作台、分度鼓轮和往复移动工作台等，其中回转工作台由工件输送液压缸和齿轮齿条机构驱动。工件输送子系统在工件被定位和夹紧之后，把工件输送到加工工位完成加工工序。该子系统由液压缸、节流阀、单向阀、行程阀、电磁换向阀、减压阀以及压力继电器等元件组成，减压阀的作用是使工件输送子系统的工作压力始终低于主进给回路的工作压力。工件输送子系统包括减压回路、缓冲制动回路以及换向回路等基本回路，该子系统要完成的动作主要是左、右行进，此外在左、右行进终点实现缓冲制动，其液压子系统原理图及动作循环见图 3-20。

（1）左行

　　如果要工件输送液压缸左行，则液压缸右腔进油，左腔回油。此时电磁铁 DT7 通电，电磁换向阀 4.1 工作在右位。进油经过电磁换向阀 4.1 右位后，有三条油路可以选择，但其中经过单向阀 4.6 的油路截止，经过节流阀 4.7 的阻力大，无法满足快速行进的要求，因此供油应经过行程阀 4.5 的左位。回油也有三条油路，由于单向阀 4.9 在回油这一方向上是可以通过的，而不是截止的，因此最佳路线是经过单向阀 4.9，然后经电磁换向阀 4.1 右位回油。如果行程阀 4.10 是可以双向进油的，则通过行程阀 4.4 右位回油也可以，但是当工件输送缸左行时，行程阀 4.10 的推杆有可能是被压下的，行程阀有可能处于关闭状态。因此，工件输送缸左行时的油路如图 3-34 所示。由于行进过程中负载力很小，供油压力低，因此蓄能器和液压泵可同时供油，其进油和回油路线如下。

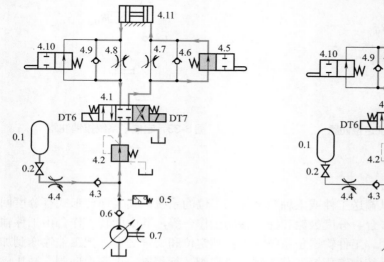

进油路:

液压泵 0.7→单向阀 0.6

电磁换向阀 4.1 右位→行程阀 4.5 左位→液

压缸 4.11 右腔

蓄能器 0.1→节流阀 4.4→单向阀 4.3

回油路:

液压缸 4.11 左腔→单向阀 4.9→电磁换向阀 4.1 右位→油箱

图 3-34　工件输送缸左行油路

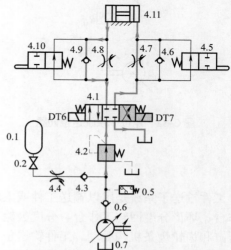

图 3-35　工件输送缸左行缓冲油路

（2）左行缓冲

　　工件输送液压缸左行接近终点时，液压缸开始缓冲制动，此时进入液压缸的流量减小，液压缸供油或回油路上应接入节流阀，由于工件输送子系统进油和回油路上都有节流阀，采用进油或回油节流进行制动都是可以的，但是从回路结构来看，即使行程阀 4.10 关闭，也会经单向阀 4.9 回油，而不会经节流阀回油，因此根据原来图 3-4 给出的原理图，只能采用进口节流的方式，通过减小进入液压缸的流量来起到缓冲制动的作用。当液压缸运动到缓冲制动开始的位置时，液压缸上的挡块（图中未画出）把行程阀 4.5 的推杆压下，行程阀 4.5 关闭，液压缸只能经过节流阀进油，此时供油压力升高，单向阀 4.3 关闭，蓄能器停止供油，系统只由液压泵以减小的流量供油，达到缓冲和节能的目的。左行缓冲过程的油路图如图 3-35 所示，进油和回油路线如下。

进油路:

液压泵 0.7→单向阀 0.6→电磁换向阀 4.1 右位→节流阀 4.7→液压缸 4.11 右腔

回油路:

液压缸 4.11 左腔→单向阀 4.9→电磁换向阀 4.1 右位→油箱

（3）右行和右行缓冲

工件输送液压缸右行和右行缓冲时液压系统的工作原理与工件输送液压缸左行和左行缓冲时的工作原理相类似，这里不作详细分析，其油路图分别如图 3-36 和图 3-37 所示，进油和回油路线省略。

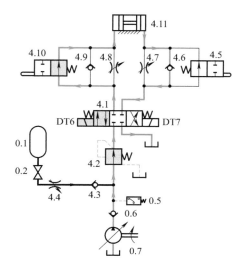

图 3-36　工件输送缸右行油路

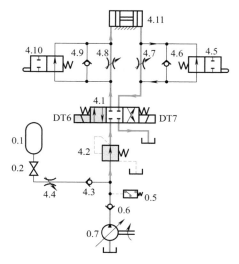

图 3-37　工件输送缸右行缓冲油路

（4）出口节流缓冲

如果把图 3-20 工件输送子系统原理图中的单向阀 4.6 和 4.9 的工作方向改为相反方向，如图 3-38 所示，则工件输送子系统能够实现出口节流缓冲方式。

根据图 3-38 工件输送子系统实现出口节流缓冲方式的原理图，工件输送子系统的工作原理仍然与图 3-20 实现进口节流缓冲方式的工件输送子系统工作原理相同，在子系统实现左行、左行缓冲、右行和右行缓冲的动作过程中，油路图分别如图 3-39 ～图 3-42 所示，油路路线和分析省略。

出口节流缓冲方式是通过在回油路上设置节流阻尼的方式来增加回油阻力，从而实现执行元件缓冲制动的方式，该缓冲方式执行元件能够承受一定的负值负载（与执行元件运动方向相同的负载），缓冲效果比进口节流缓冲方式更好。

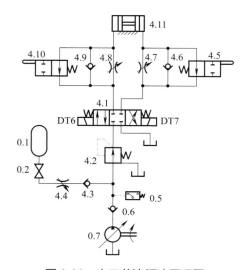

图 3-38　出口节流缓冲原理图

通过上述动作原理的分析，可列写工件输送子系统各动作过程中电磁铁及行程阀动作顺序表，见表 3-4 和表 3-5。表 3-4 给出了采用进口节流缓冲方式时工件输送子系统的电磁铁和行程阀动作顺序表，表 3-5 给出了采用出口节流缓冲方式时工件输送子系统的电磁铁和行程阀动作顺序表。

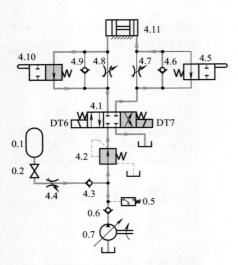

图 3-39　子系统左行油路

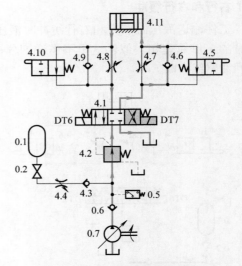

图 3-40　子系统左行缓冲油路

表 3-4　电磁铁和行程阀动作顺序表（工件输送，进口节流缓冲）

动作 \ 电磁铁和行程阀	DT6	DT7	行程阀 4.5	行程阀 4.10
左行	−	+	开	关
左行缓冲	−	+	关	关
右行	+	−	关	开
右行缓冲	+	−	关	关

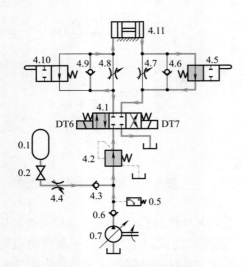

图 3-41　子系统右行油路

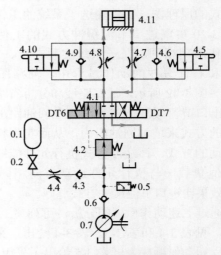

图 3-42　子系统右行缓冲油路

表 3-5　电磁铁和行程阀动作顺序表（工件输送，出口节流缓冲）

动作　　　　　　电磁铁和行程阀	DT6	DT7	行程阀 4.5	行程阀 4.10
左行	−	+	关	开
左行缓冲	−	+	关	关
右行	+	−	开	关
右行缓冲	+	−	关	关

3.7　分析各子系统的连接关系

　　根据图 3-13 中简化后组合机床等效原理图，绘制组合机床液压系统各子系统之间的连接关系图，如图 3-43 所示。

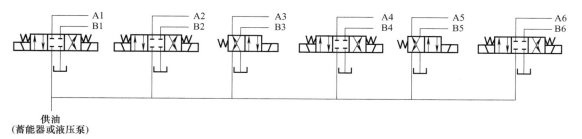

图 3-43　子系统连接关系图

　　图 3-43 中各个子系统的进油都并联到蓄能器或液压泵的供油，各个子系统的回油单独进行，因此组合机床液压系统各个液压子系统之间的连接关系应为并联连接方式。对于并联系统，负载小的子系统先动作。当负载相同时，则多个执行元件可同时动作，此时要求液压油源能够提供足够大的供油流量。对于组合机床液压系统，采用并联连接方式，多个滑台子系统可以同时动作，从而能够使整个系统的工作效率得到提高。

　　并联回路各个子系统的蓄能器供油处同时设有单向阀，各个子系统的液压泵供油处设有节流阀，目的是使各个滑台子系统的动作不会相互干扰。当各个滑台子系统的动作情况不同时，例如某一个滑台子系统实现工进、而其他滑台子系统实现快进动作时，实现工进的子系统中蓄能器供油处的单向阀关闭，蓄能器不给该子系统供油，而仍然给其他实现快进的子系统供油。同时由于液压泵供油处节流阀的存在，液压泵的工作压力不会受到子系统负载力减小的影响，当某些子系统实现快进、某些子系统实现工进时，液压泵仍然能够为工进子系统提供工进所需要的压力。

3.8　总结整个系统特点及分析技巧

　　通过上述组合机床液压系统各子系统动作原理的分析和子系统连接关系的分析，对该组合机床液压系统的特点和分析该类液压系统时能够采用的技巧进行总结。

3.8.1 系统特点

通过对组合机床液压系统工作原理的分析，能够对图 3-4 中组合机床液压系统的特点总结如下。

❶ 液压系统由液压泵和蓄能器共同提供油源，这样既可选择流量小的泵，又可提高系统的效率。当某一子系统液压缸要实现快进或快退时，系统需要提供大流量，因此由液压泵和蓄能器同时供油，当某一子系统要实现工进时，该子系统需要小流量，因此只需要由液压泵单独供油。这样液压油源提供的流量能够与系统负载所需要的流量相适应，因此系统效率高，避免了能源的浪费。采用液压泵和蓄能器同时供油的方案，比采用一个大流量液压泵供油的方案所需要的成本更低、经济性更好。

❷ 系统采用了"限压式变量液压泵 - 调速阀 - 背压阀"调速回路，采用容积节流调速回路并在回油上设置背压阀，能保证系统调速范围宽、低速稳定性好的要求。系统不论在快进、工进，还是死挡铁停留时都无溢流功率损失，效率高。它能保证液压缸稳定的低速运动、较好的速度刚性和较大的调速范围。回油路上加背压阀可防止空气渗入系统，使滑台能够承受负值负载。

❸ 由行程阀、电磁换向阀和液控顺序阀等组成的速度换接回路，采用行程阀和液控顺序阀实现快进与工进的换接，不仅简化了油路和电路，而且由于液压挡铁倾角可以调整，使转换动作平稳可靠，换接位置精度较高。

❹ 调速阀串联实现二次进给，两次工进速度的换接采用由电磁阀切换的调速阀串联的回路，保证了换接精度，避免换接时滑台前冲，且油路布置简单、灵活。采用两个调速阀实现二次进给，有调速阀串联和调速阀并联两种方式，分别如图 3-44 和图 3-45 所示。

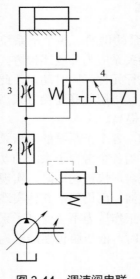

图 3-44　调速阀串联

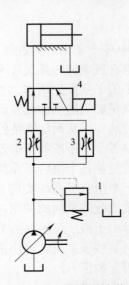

图 3-45　调速阀并联

采用调速阀串联实现二次进给的方式，后一个调速阀的调节受到前一调速阀的影响，后一个调速阀的开口度必须小于前一个调速阀的开口度，否则后一个调速阀的调节将不起作用，串联连接方式回路中压力损失是两个调速阀压力损失之和，压力损失大。

采用调速阀并联实现二次进给的方式，两个调速阀的调节不会相互影响，而且进给过程中，回路的压力损失只是一个调速阀的压力损失，因此压力损失小。但采用调速阀并联方式时，如果一个调速阀处于工作状态，而另一个调速阀处于不工作状态，当不工作的调速阀突然切换到工作状态时，由于调速阀中的减压阀一直处于打开的状态，因此执行元件会产生一个前冲的现象，对工作的平稳性不利。

⑤ 系统回路中的单向阀作用不同，子系统中与节流阀和行程阀并联的单向阀是为了防止油液倒流，而蓄能器与系统连接的单向阀是为了防止子回路之间的动作干涉。由于单向阀的存在，工进和快进系统互不干扰。

⑥ 节流阀同时起到调速、防止子系统之间油路相互干扰、增加阻尼和防止冲击的作用。

⑦ 机床或组合机床液压系统通常采用由行程阀、单向阀和节流阀并联实现的变速回路和由压力继电器的控制来实现的自动工作循环；采用双泵供油或蓄能器和液压泵同时供油的供油方式，降低系统成本，提高系统效率。

3.8.2 分析技巧

通过组合机床液压系统原理图的分析实例，对机床类液压系统原理图的分析技巧总结如下。

① 从图 3-14 的液压系统原理图上也看不到液压缸上的挡块，这一点只能根据液压系统和组合机床的工作经验来推断。

② 从液压系统原理图上表示不出压力继电器与所控制电磁铁的控制关系，这一关系只能根据液压系统和组合机床的经验知识进行推断。

③ 机床类液压系统通常采用行程开关、行程阀、压力继电器等多种方式实现液压系统的顺序动作控制和工作循环，要分析清楚该类液压系统，应首先分析清楚这些控制元件与被控制电磁铁的对应关系。

④ 首先熟悉和了解组合机床的动作原理和特点，对于分析各个子系统动作循环过程中油路的连接方式以及压力继电器的动作具有十分重要的帮助。

⑤ 不便于阅读的液压系统原理图经转化，重新绘制成便于阅读的形式，对于复杂液压系统的分析有一定帮助作用。

模块四

推土机液压系统原理图分析

动画演示

在推土机、挖掘机以及装载机等工程机械中，行走驱动以及转向液压系统大多采用由变量泵或变量马达组成的闭式容积调速回路，工作机构液压系统大多采用带压力补偿的流量调节方式，此外近年来负荷传感技术在工程机械液压系统中得到了越来越广泛的应用，这些技术都使得工程机械液压系统具有稳定的工作特性以及体积小、效率高的特点。本模块将以推土机液压系统为例对包含上述回路的液压系统进行分析，介绍上述基本回路以及由上述基本回路组成的推土机液压系统工作原理的分析过程，并对推土机液压系统的特点及分析技巧进行总结。

4.1 推土机概述

推土机是以履带式拖拉机或轮胎式基础车为主机体配以推土工作装置和操纵机构组成的自行土石运输施工机械，是工程机械中用途广泛的一个机种。推土机适用于大型土方施工，如在建筑工地、水利工程、修建路堑、平整场地、露天剥离等工程中进行推运、堆积、回填、平地、开挖和松土等作业。

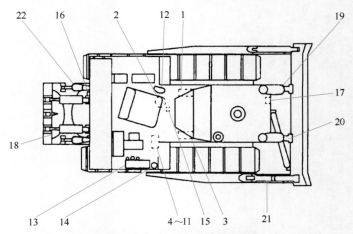

图 4-1 推土机结构布置示意图

1—转向泵；2—转向马达；3—机具主泵；4～11—机具控制阀组；12—转向先导阀；13—油箱；
14—滤油器；15—压力控制阀组；16—裂土器分配阀；17—快速下降阀；18—铲举升液压缸；
19,20—铲倾斜液压缸；21—裂土器举升液压缸；22—裂土器齿尖液压缸

72

采用液压操纵式工作装置的推土机具有结构简单、操纵轻便的特点，且在液压缸推动下铲刀能强制铲切较坚实的土壤，因此作业性能良好。履带式推土机中采用液压操纵的工作装置通常包括推土机的转向系统、大铲机具系统以及裂土器等。

图 4-1 所示为某型号履带式推土机液压系统在推土机上的结构布置示意图，推土机实物图如图 4-2 所示。

图 4-2　推土机实物图

4.2　了解系统的工作任务和动作要求

履带式推土机液压系统通常可划分为转向液压系统和工作装置（机具）液压系统两部分，其中转向液压系统由转向器（转向先导阀）、控制阀以及转向液压马达或液压缸组成，工作装置液压系统由各种控制阀和液压缸组成。

推土机在行驶和作业中，需要利用转向系统改变其行驶方向或保持直线行驶，因此转向液压系统要完成的工作任务就是推土机的左转、右转或直行。如果转向液压系统的执行元件是液压马达，则转向液压马达的旋转方向决定了推土机转向的方向，转向液压马达的旋转速度决定了推土机转向半径的大小。

转向系统的基本要求是操纵轻便灵活，工作稳定可靠，使用经济耐久。转向性能是保证推土机安全行驶，减轻驾驶人员的劳动强度，提高作业生产率的主要因素。由于推土机在作业中需要频繁地转向，转向系统是否轻便灵活，对生产效率影响很大，而采用液压系统驱动转向机构是实现这一要求的理想途径。操作人员只需用极小的操作力和一般的操作速度操纵控制元件，就可以实现快速转向。它使作业时操作的繁重程度大为改善，并进一步提高了生产率，同时也提高了行驶的安全性。

推土机工作装置（机具）液压系统控制着推土机铲斗和裂土器（松土器）的动作，要完成的工作任务就是铲举升、铲倾斜以及裂土器举升等动作。在推土机工作过程中，工作装置的工作速度应该是可调的，而且工作速度稳定。

铲斗是推土机的主要工作装置，在推土机工作过程中，通过推土机向前运动的推力进行铲土或碎石，然后对土或碎石等材料进行搬运。铲斗工作装置要完成的动作包括举升、保持、下降、浮动和倾斜。根据推土机的工作要求，中小型推土机，除了铲掘和推运不太硬的土质之外，还往往进行回填和向一侧推土，或者用推土铲的一角在地面开小沟，或者用来平整具有一定坡度的平面。因此推土铲要能够在水平面内回转、在垂直面内倾斜。而大型推土机的作业方式较少、应用范围较窄，主要要求它有强大的铲掘能力和推运能力，这样，装备有固定式立铲即能满足使用要求，但有时也要求推土铲能在垂直面内倾斜，以便利用铲尖作业或适应斜坡作业。大型推土机铲斗的升降高度有时高达 2m 以上，因此加快铲斗的下降速度对缩短推土机的作业循环时间、提高其生产率有着重要意义。为此，推土机大多在推土铲升降回路上是用铲斗快速下降阀，用以实现铲斗举升缸的差动连接，并降低铲斗举升缸的排油（有杆）腔回油阻力，使铲斗快速下降。

中小型推土机发展早，使用时间长，由于其作业对象是中等坚实度的土质，仅用推土铲即可完成铲掘和推运任务，因此推土铲被公认是推土机的传统工作装置。随着经济建设规模的不断扩大，对推土机铲掘能力的要求不断提高，由于不能只用提高牵引力的办法来铲掘路石和硬度很大的土质，因此大、中型推土机配备了裂土装置。先将坚硬土质用裂土装置松散之后，再用推土铲进一步铲掘和推运，于是裂土器成为大中型推土机不可缺少的工作装置。此外，用裂土器可代替打眼放炮的施工方法，从而大大降低工程造价。

裂土装置大多置于推土机后部，与推土铲配合，用于破碎坚硬的土层或岩石层。裂土装置使用较多的机构形式是刀齿切削角可调的四杆机构形式，用液压缸使之动作，中间用一个液压缸，起调整裂土刀升降的作用，上部用两个并联液压缸代替杆件以调节裂土刀的切削角。此外，裂土装置还有铰链式和带液压冲击锤的裂土装置等。裂土器工作装置要完成的动作包括举升、下降以及刀齿的上倾和下倾。

4.3 初步分析

在具体分析推土机液压系统的各个动作过程之前，首先对整个推土机液压系统原理图进行粗略的初步分析，浏览给出的液压系统原理图，明确整个推土机液压系统或各个单元模块的组成元件及其功能，并对液压系统原理图中的所有元件进行重新编号。

4.3.1 浏览整个系统

待分析的某型号推土机液压系统原理图如图 4-3 所示，粗略浏览整个推土机液压系统，由于该系统组成元件数量多，子系统之间连接关系复杂，为便于浏览和初步分析这一复杂的推土机液压系统，首先把原系统划分为多个模块或元件组，然后再分别确定各个模块的组成元件及功能，并对各个模块或元件组进行工作原理的粗略分析。

4.3.2 模块划分

对图 4-3 中推土机液压系统进行模块或元件组划分时，可根据元件之间的相关性进行划分，也可以根据原理图中已经给定的元件组进行划分，还可以采用二者相结合的方法进行模块的划分。根据图 4-3 中推土机液压系统原理图，把整个推土机液压系统分解为转向泵模块、转向马达模块、旁通和压力控制阀组模块、工作装置阀组模块、裂土器模块、推土器模块、工作泵模块、转向先导阀模块以及油箱模块九个模块，各模块的原理图分别如图 4-4 ～图 4-12 所示。

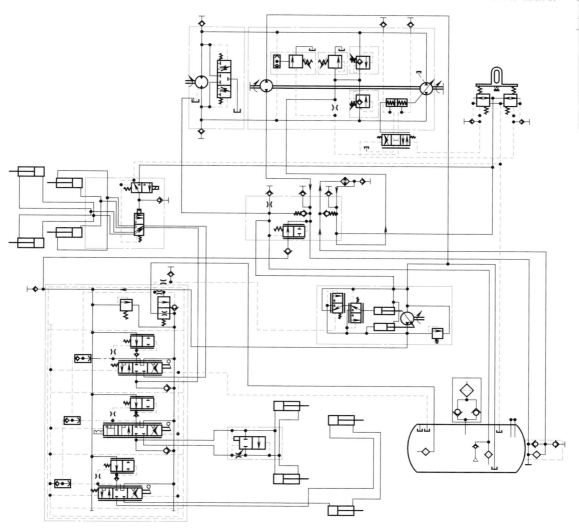

图 4-3　推土机液压系统原理图

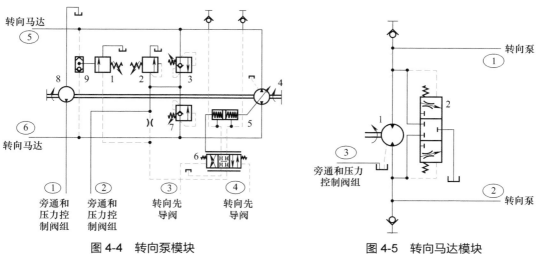

图 4-4　转向泵模块

图 4-5　转向马达模块

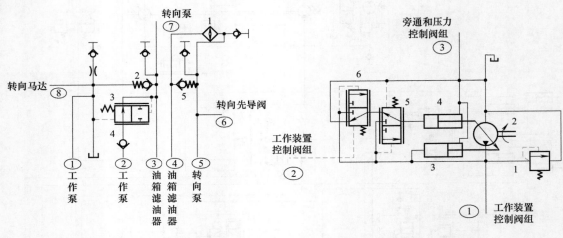

图 4-6　旁通和压力控制阀组模块

图 4-7　工作泵模块

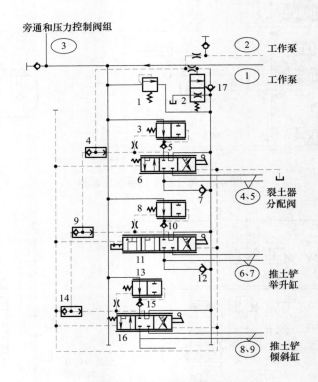

图 4-8　工作装置阀组模块

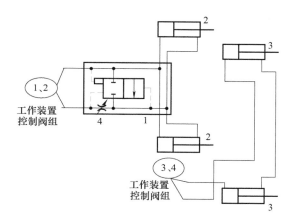

图 4-9 推土器模块

1—液控开关阀; 2—举升液压缸; 3—倾斜液压缸; 4—节流阀

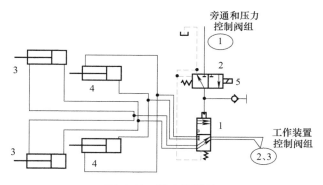

图 4-10 裂土器模块

1—二位六通阀; 2—二位三通阀; 3—裂土器举升液压缸; 4—裂土器齿尖液压缸; 5—电磁铁

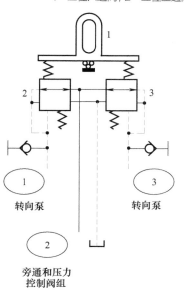

图 4-11 转向先导阀模块

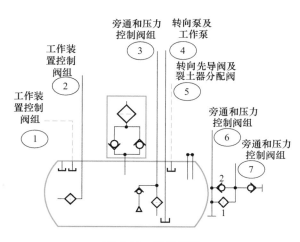

图 4-12 油箱模块

1—转向供给油滤清器; 2—冷油旁通阀

4.4 分析各个模块的组成元件及功能

把图4-3中推土机液压系统分解成几个模块后，对各个模块的组成元件进行分析，明确各个元件的作用，每个元件组也可按照模块一中先分析能源元件和执行元件、后分析控制调节元件和辅助元件的顺序进行分析。

4.4.1 转向泵模块

转向泵模块原理图见图4-4，该模块由2个液压泵（4和8）、1个液压缸5、1个换向阀6、1个溢流阀2、1个顺序阀1、1个梭阀9以及2个不熟悉的液压阀（3和7）组成。其中：

① 双向变量液压泵4是转向主泵，为转向系统提供油液，控制转向液压马达的动作，由变量控制阀和变量活塞控制其供油方向及输出流量；

② 定量液压泵8是辅助泵，起补油、换油、提供控制油以及控制转向主泵变量机构的作用；

③ 变量活塞（液压缸）5是双作用伺服缸，由变量控制阀6控制其工作位置，从而改变转向主泵的方向及排量；

④ 换向阀6是液动伺服阀，由转向先导阀控制其工作位置，从而控制变量活塞5的运动方向及工作位置，该阀的阀体与变量活塞活塞杆刚性连接；

⑤ 溢流阀2是补油泵的调压阀，调定补油压力、保护补油泵安全；

⑥ 顺序阀1是使转向主泵4卸荷的切断阀，在转向主泵负荷大到接近顺序阀设定压力时动作，从而使变量控制阀的供油直接回油箱，变量活塞在弹簧作用下回到中位，转向主泵处于中位"零"排量状态，推土机停止转向，这样能够使转向液压系统避免长期处于高压溢流状态，也避免了油温过高；

⑦ 梭阀9用于选择高压油，使之成为切断阀1的控制油；

⑧ 2个图形符号相同的不熟悉元件（3和7）被称为补油安全阀，其图形符号与溢流阀的图形符号相似，但却不同于溢流阀的图形符号，可查找相关资料，了解其工作原理及功能，也可从图4-13中该元件的图形符号进行分析。

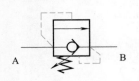

图 4-13 补油安全阀的图形符号

图 4-13 补油安全阀的图形符号中如果去掉单向阀符号和从 B 口反馈回来的控制油符号，则与溢流阀的图形符号相同，表明该元件有溢流阀或安全阀的功能；图形符号在溢流阀图形符号基础上增加了单向阀和从 B 口反馈回来的控制油，表明该阀 B 口供给压力油时，则 A、B 口直接导通，所以该阀相当于是溢流阀和单向阀的组合，起到选择低压油路进行补油和防止转向系统压力过高的作用。使用两个这样的液压阀，能够保证油路双向的工作安全，无论转向液压泵哪一侧供油，安全阀都能够保证该侧油路的安全，而单向阀则能够保证辅助泵把油液补充到低压油路。

如果变量控制阀阀芯两端接油箱，变量控制阀阀芯在对中弹簧作用下工作在中位，于是变量活塞两腔经变量控制阀中位回油箱，同样在对中弹簧作用下，变量活塞也工作在中位，转向主泵处于"零"排量工作状态，转向液压马达不工作，推土机直行，油路图如图4-14所示。

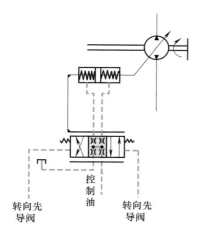

图 4-14　转向主泵零排量油路

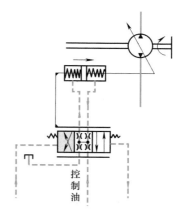

图 4-15　转向主泵正向工作油路

如果变量控制阀阀芯左端接压力油、右端接油箱，变量控制阀阀芯在压力油作用下向右移动，变量控制阀工作在左位，于是变量活塞左腔进油、右腔回油，变量活塞向右移动，假设此时变量活塞使转向主泵斜盘倾角向正方向偏转，转向主泵工作在正向排油工作状态，转向液压马达左转，转向主泵正向工作油路图如图 4-15 所示。变量活塞移动的位移量由变量控制阀阀芯的位移量决定，由于变量活塞杆与变量控制阀阀体刚性连接或为同一零件，变量活塞移动与变量控制阀阀芯相同的移动量时，变量控制阀刚好又回到中位，变量活塞两腔接回油，在对中弹簧作用下，变量活塞又回到中位，转向主泵斜盘倾角恢复到零，转向主泵又工作在零排量工作状态，转向液压马达转过某一角度后停止。

同理，如果变量控制阀阀芯右端接压力油、左端接油箱，则转向主泵工作在反向排油工作状态，转向液压马达右转，此时转向主泵反向工作油路图如图 4-16 所示。同样，转向液压马达向右转过某一角度后也会停止转动，推土机以某一转角右转。其他元件工作原理将在后续内容中具体分析。

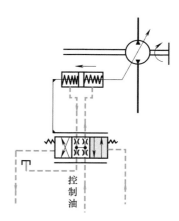

图 4-16　转向主泵反向
工作油路

4.4.2　转向马达模块

转向马达模块的原理图见图 4-5，该模块主要由转向液压马达 1 和一个换向阀 2 组成。其中：

❶ 转向液压马达 1 是定量液压马达，由转向主泵控制，驱动差速转向机构工作，使推土机转向；

❷ 换向阀 2 是三位三通液动换向阀，又称为低压选择阀，在高压油作用下换向，使转向马达出口低压油流回油箱冷却。

转向液压马达模块的工作原理将在后续内容中与转向液压马达的动作原理结合起来介绍。

4.4.3 旁通和压力控制阀组模块

旁通和压力控制阀组模块原理图见图4-6，主要由冷却器1、背压阀2、减压阀3、单向阀4和5组成。其中：

① 冷却器1对整个系统的工作介质进行冷却，油箱中系统返回的热油由补油泵泵出后经冷却器冷却，然后再把冷却后的油液供给需要补油的油路；

② 背压阀2使辅助泵在有一定背压的情况下卸荷，以保证辅助泵始终能为系统提供具有一定压力的控制油；

③ 减压阀3的图形符号使用的是开关阀符号，但其作用相当于差压式减压阀，此阀与转向系统和工作装置液压系统相连，通过感受阀芯两端的压力差（由于一侧接油箱，因此压力差也是出口压力）来调整阀的工作状态，使阀口开大或关小，当阀口压力低时，在弹簧作用下，阀口开大，当出口压力高于弹簧调定压力时，阀口关小；

④ 单向阀4防止油液倒流；

⑤ 单向阀5为冷却器旁路阀，需要一定压力才能将其打开，用来保护冷却器，冷却器堵塞时打开通油。

4.4.4 工作泵模块

工作泵模块原理图见图4-7，该模块主要由安全阀1、液压泵2、液压缸3和4以及换向阀5和6组成，工作泵模块的动作原理类似于模块一中负荷传感液压系统中液压泵的动作原理。其中：

① 安全阀1保护工作泵安全；

② 工作泵2是一台负载传感压力补偿的变量柱塞泵，为所有机具回路供油，该泵有两个变量控制活塞，即倾斜活塞和促动器活塞，与变量控制阀联合动作；

③ 液压缸3倾斜活塞用于使泵升程，与变量控制阀5联动动作；

④ 液压缸4促动器活塞用于使泵回程，促动器活塞面积大于倾斜活塞面积；

⑤ 液压阀5、6分别为流量补偿器滑阀和压力补偿器滑阀。

工作泵利用阀5和阀6感受系统中的负载变化，从而调整促动器活塞中的压力来改变泵的排量。在液压泵启动阶段，控制油压力低，阀5工作在上位，阀6工作在下位，此时促动器液压缸4左腔接油箱，液压泵排量最大，油路图如图4-17所示。

液压泵启动后，当工作装置不工作时，液压泵出口压力逐渐升高，超过流量补偿阀6弹簧的调定压力时，阀6工作在上位，促动器液压缸4左腔的压力升高，由于液压缸4活塞面积大于液压缸3的活塞面积，液压泵排量减小到接近于零，即实现低压卸荷，油路图如图4-18所示。

当工作装置工作时，阀6在负载压力和弹簧力作用下工作在下位，使促动器液压缸4左腔接回油，在倾斜液压缸3的推动下，液压泵排量逐渐增大，从而为负载提供流量，油路图如图4-19所示。如果在工作过程中，液压泵与负载压力之差大于流量补偿阀6弹簧的调定压力，表明液压泵输出流量大于负载所需要的流量，从而产生了过多的节流损失。此时阀6工作在上位，促动器液压缸4左腔压力升高，液压泵排量减小，以适应负载流量需要，通过液压泵排量的调整使液压泵供油压力与负载工作压力差值不会超过某一限定值，从而避免了能量的浪费。因此工作过程中，阀6工作在下位。

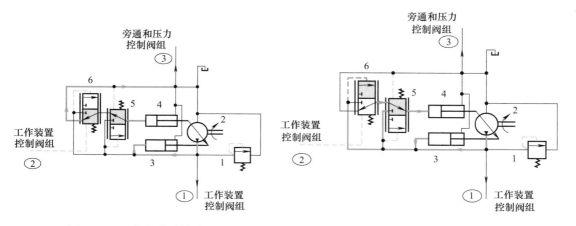

图 4-17　工作泵启动油路　　　　　　　　　图 4-18　低压卸荷油路

当工作装置运动到行程端点时，液压泵供油压力逐渐升高，超过压力补偿阀 5 弹簧的调定压力时，阀 5 工作在下位，促动器液压缸 4 左腔压力升高，液压泵排量逐渐减小到接近于零，即实现高压卸荷，油路图如图 4-20 所示。

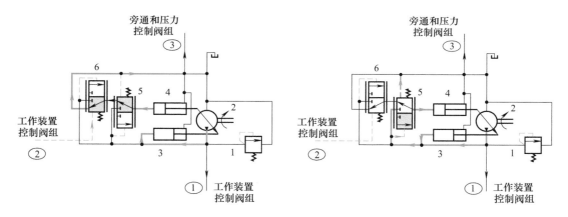

图 4-19　工作装置工作时油路　　　　　　　图 4-20　高压卸荷油路

4.4.5　工作装置阀组模块

工作装置阀组模块原理图见图 4-8，该模块由溢流阀 1，三个手动换向阀 6、11 和 16，三个压力补偿阀 3、8 和 13，三个梭阀 4、9 和 14，一个二位二通换向阀 2 和若干个单向阀组成。其中：

❶ 溢流阀 1 作安全阀，用于限定系统的最大工作压力；

❷ 手动三位五通换向阀 6 为裂土器操纵阀，控制裂土器动作；

❸ 手动四位五通换向阀 11 为推土铲升降操纵阀，控制推土铲举升缸，进而控制推土铲升降；

❹ 手动三位五通换向阀 16 为推土铲倾斜操纵阀，控制推土铲倾斜缸，进而控制推土铲倾斜；

⑤ 液动二位二通换向阀 2（回油控制阀）使系统在有背压或没有背压的情况下回油，供给阀用于限制液压缸回油流量；

⑥ 压力补偿阀 3、8 和 13 用于补偿负载变化引起的流量变化，其作用相当于减压阀，通过感受阀芯两端的压力差来调整阀的开口量，阀芯两端压力差越大，阀的开口量越小，该阀进、出口压力差越大，阀芯两端压力差越小，阀的开口量越大，该阀进、出口压力差越小；

⑦ 梭阀 4、9、14 是双作用单向阀，可将高压信号油传送到泵的变量控制阀，使泵根据负荷的大小自动调节泵的排量；

⑧ 单向阀 5、10、15、17 是为了防止油液倒流而设置的，一般情况下载荷检测阀不开启，只有液压泵输出的油压足够大时才打开；

⑨ 单向阀 7、12 为补油阀，在系统需要补油时，该阀打开，使系统能够从油箱吸油。

4.4.6 推土器模块

推土器模块原理图见图 4-9，该模块由两组液压缸 2 和 3、一个液控开关阀 1 以及一个节流阀 4 组成。其中：

① 液压缸 2 为举升液压缸，是驱动推土铲升降的执行元件；

② 液压缸 3 为倾斜液压缸，是驱动推土铲倾斜的执行元件；

③ 节流阀 4 用来调节推土铲举升速度；

④ 液控开关阀 1 属专用元件，其工作原理可能是不熟悉的，通过查找相关资料，得知该阀又称快降阀，通过把举升液压缸活塞杆部的油液分配到活塞头部可实现推土铲快降到地面，此阀还允许推土铲撞击地面后系统压力卸荷。

液控开关阀 1 的图形符号如图 4-21 所示。

当 EA 油路为进油路、DBC 油路为回油路时，E 口压力高，阀工作在左位，A、B 口不通。如果 DB 油路中回油流量过大，D 口背压升高，于是在 D 口压力作用下，阀工作在右位，此时 B 口和 A 口连通，回油经 B 口和 A 口进入到进油路，与进油汇合供给举升缸，实现举升缸的差动连接方式，满足举升缸快速动作的需要，如图 4-22 所示。

当 EA 油路为进油路、DBC 油路为回油路时，E 口压力高，阀工作在左位，A、B 口不通。如果举升缸突然停止动作（比如举升缸下落到突然接触地面），DB 油路中的油液突然停止流动，C 口油液仍然在流回油箱的话，D 口和 C 口之间的压力差会增大，阀芯向左移动，阀工作在右位，进油经 A 口、B 口以及节流阀直接回油箱，相当于液压泵卸荷，如图 4-23 所示。

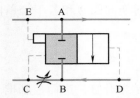

图 4-21 液控开关阀图形符号

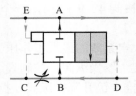

图 4-22 差动连接

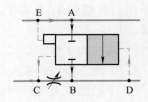

图 4-23 卸荷方式

如果 CBD 油路为进油路，AE 油路为回油路，由于 C 口压力高，阀工作在左位，A 口和 B 口不通。

4.4.7　裂土器模块

裂土器模块原理图见图 4-10，该模块由 1 个二位六通液动换向阀 1、1 个二位三通电磁换向阀 2 以及两组液压缸 3 和 4 组成。其中：

① 二位三通电磁换向阀 2 为裂土器操纵阀，控制裂土器举升缸和倾斜缸的动作；
② 二位六通电磁换向阀 1 控制二位三通电磁换向阀 2 的工作位置；
③ 裂土器举升液压缸 3 是驱动裂土器升降的执行元件；
④ 裂土器刀齿调整液压缸 4 控制裂土器齿尖动作，以调整裂土器刀齿的切削角。

4.4.8　转向先导阀模块

转向先导阀是控制转向主泵的变量伺服机构、从而控制转向主泵改变供油方向的转向操纵阀，转向先导阀模块原理图见图 4-11，从原理图来看，该模块主要由操纵手柄 1 以及两个控制阀 2 和 3 组成。其中：

① 操纵手柄 1 控制转向先导阀动作；
② 控制阀 2 和 3 控制油路的通断，从而控制转向主泵变量控制方向阀的动作。

从原理图进行分析，当操纵手柄 1 处于中位时，两个控制阀 2 和 3 都工作在上位，此时 A 口与 B 口和 C 口都连通，压力油（由辅助泵提供）经 B 口和 C 口提供给下一级控制装置（转向主泵的变量控制阀），于是推土机不转向，油路图如图 4-24 所示。

当操纵手柄 1 向左偏转时，左侧弹簧被压缩，右侧弹簧被拉长，左侧控制阀 2 的阀芯由于受到向下的作用力而下移，右侧阀芯处于原工作位置不动，此时左侧控制阀 2 工作在下位，D 口与 O 口通，右侧控制阀 3 仍然工作在上位，A 口与 C 口通，于是 CE 油路为供油路，BD 油路为回油路，此时推土机向左转向，如图 4-25 所示。

同理，当操纵手柄 1 向右偏转时，右侧弹簧被压缩，左侧弹簧被拉长，右侧控制阀 3 的阀芯由于受到向下的作用力而下移，左侧阀芯处于原工作位置不动，此时右侧控制阀 3 工作在下位，E 口与 O 口通，左侧控制阀 2 仍然工作在上位，A 口与 B 口通，于是 BD 油路为供油路，CE 油路为回油路，此时推土机向右转向，如图 4-26 所示。

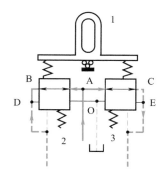

图 4-24　手柄中位油路

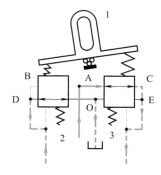

图 4-25　手柄左转油路

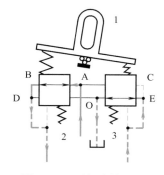

图 4-26　手柄右转油路

4.4.9 油箱模块

油箱模块原理图见图4-12，油箱模块主要包括滤油器、液位传感器以及温度计等元件，实现储存油液、对流回油箱的油液进行过滤、冷却等功能，分析省略。

4.5 整理和简化油路

图4-3所示的推土机液压系统原理图不但组成元件数量多，而且油路交叉、连接关系复杂，因此划分子系统十分困难。此时，可先对原推土机液压系统原理图进行适当的整理和简化，以便于阅读的方式重新绘制系统原理图，例如缩短油路连线或去掉某些辅助元件以及在分析系统工作原理时影响不大的元件，然后再重新绘制原理图。

4.5.1 缩短油路连线

对于图4-3的推土机液压系统原理图，供油和回油连线交叉，因此系统分析时容易产生失误，可采用模块一和前述模块中介绍的拆分总回油线、增加回油和油箱符号以及就近回油的方法进行油路连线的整理，还可以采用去掉某些不必要连线的方式使油路连线简化。

例如转向泵模块中辅助泵8的进油线不连接到主工作泵的进油线，而是在辅助泵8附近增加回油符号，就近回油；由于转向主泵的泄漏油符号对整个液压系统工作原理的分析不产生影响，因此也可省略转向主泵的泄漏油符号，使油路简化，把能够省略或简化的油路用"×"号进行标记，如图4-27所示。

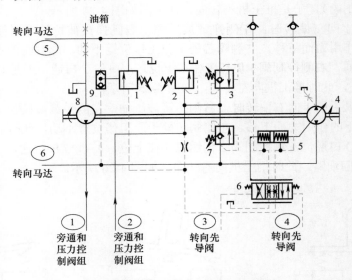

图4-27 转向泵模块油路简化方法

如果工作装置控制阀组模块中回油控制阀2的回油线不连接到总回油线上，而是在该供给阀的附近增加一个回油符号，则能够减少油路连线的交叉；该模块中三个手动操纵阀6、11和16两侧的泄漏油直接回油箱，对阀的工作原理不产生影响，因此可以省略，把能够省略或简化的油路用"×"号进行标记，如图4-28所示。

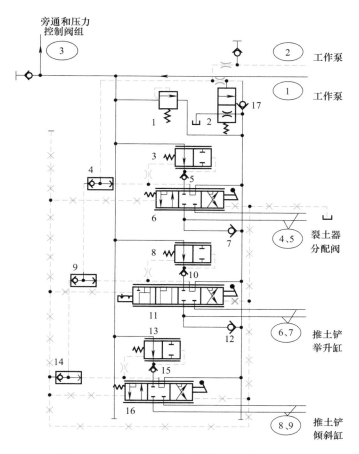

图 4-28　工作装置控制阀组模块油路简化方法

4.5.2　省略元件

图 4-3 的推土机液压系统原理图中各个测压点的连接位置标志对整个液压系统的原理分析影响不大，因此为简化原理图，省略所有测压点标志。图 4-3 的油箱模块中滤油器、单向阀以及旁通及压力控制阀组模块中的冷却器等元件对系统的工作原理不产生影响，均可以省略。此外，铲斗举升、铲斗倾斜以及裂土器升降和裂土器倾斜工作装置都由双液压缸共同作用，在对原理图进行简化时，也可以省略一个液压缸，只用一个液压缸表示，而在对子系统进行分析时，可以再把另一个液压缸恢复到原理图中。能够省略的元件用辅灰的方式表示在推土机液压系统原理图中，如图 4-29 所示。

4.5.3　重新绘制原理图

缩短油路连线和删除某些对系统的动作原理影响不大的元件后，重新绘制图 4-3 中推土机液压系统原理图，如图 4-30 所示。

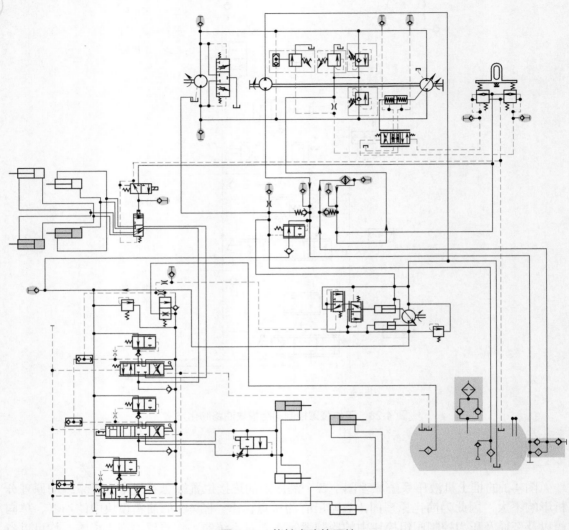

图 4-29　能够省略的元件

4.5.4　元件重新编号

对图 4-3 中的推土机液压系统原理图进行简化和整理后，得到图 4-30 中更加便于阅读和划分子系统的推土机液压系统等效原理图，由于省略了某些元件，而且原系统原理图中没有给出各元件编号，为便于分析和列写油路路线，对图 4-30 中等效的推土机液压系统进行重新编号，可采用前面模块中介绍的字母编号方式或数字编号方式，例如采用数字编号方式的推土机液压系统等效原理图，如图 4-31 所示。

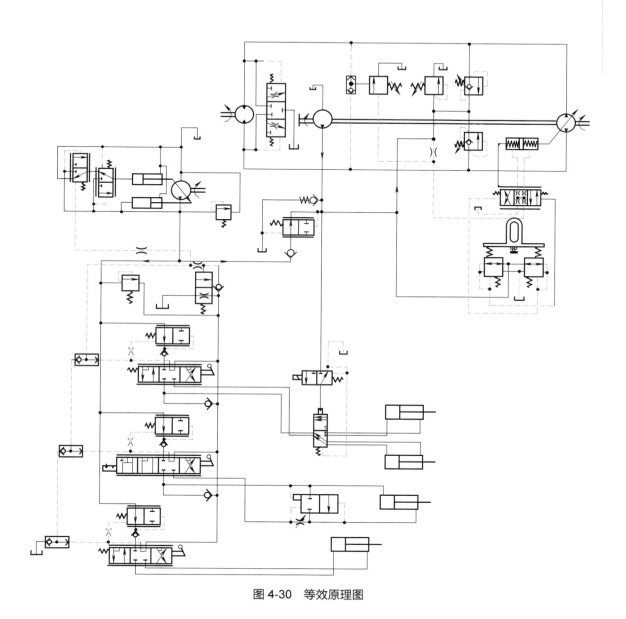

图 4-30　等效原理图

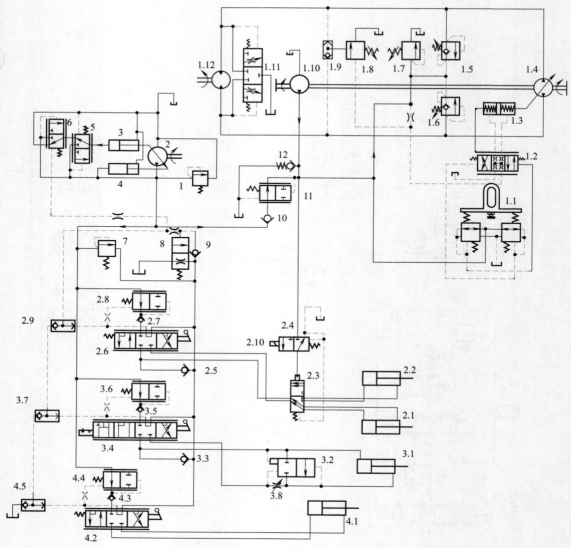

图 4-31　重新编号的原理图

4.6　将系统分解成子系统

　　图 4-31 中重新编号的推土机液压系统简化原理图表明，推土机液压系统由多个执行元件组成，因此根据执行元件个数把整个推土机液压系统分成多个子系统，然后分别分析各个子系统。

4.6.1　子系统划分及命名

　　图 4-31 中推土机液压系统由转向液压马达、推土铲举升和倾斜液压缸以及裂土器举升和刀齿调整液压缸 5 个执行元件组成，因此可按照执行元件的个数把图 4-31 中的推土机液

压系统划分为 5 个子系统。但由于裂土器的举降和刀齿调整液压缸均由同一组液压阀控制，因此裂土器部分可归并为一个液压子系统。

此外，由于主工作泵的变量机构组成结构复杂，工作情况有多种变化，因此应该把主工作泵单独划分为一个子系统。于是整个推土机液压系统仍然可以被划分为 5 个子系统，用虚线框把 5 个子系统各自包含的元件区分开，如图 4-32 所示。

给图 4-32 中划分的各子系统命名或对子系统进行编号，可用中文、英文字母或数字进行编号。

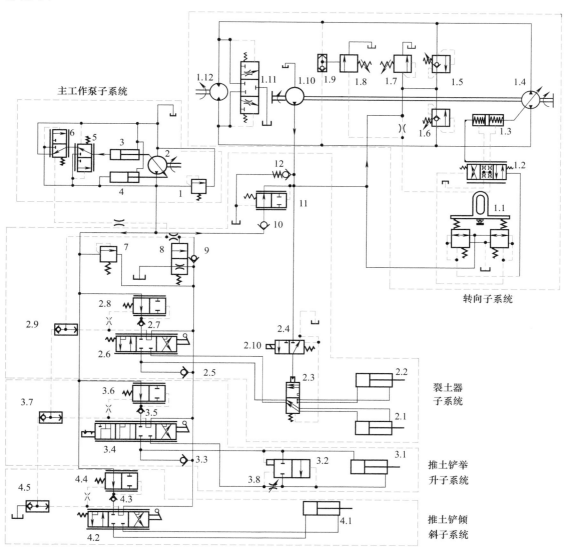

图 4-32　子系统划分及命名

4.6.2　绘制子系统原理图

根据图 4-32 中子系统的划分及命名表明，推土机液压系统可划分为转向子系统、裂土器子系统、推土铲举升子系统、推土铲倾斜子系统以及主工作泵子系统五个子系统。由于主工作泵子系统的组成结构与图 4-7 中主工作泵模块的组成结构相同，其工作原理已在前述内容中进行了说明，这里省略该子系统的原理图及原理分析。此外，虽然图 4-32 中元件 10、11 和 12 被划归到裂土器子系统中，但是这三个元件有可能与多个子系统的动作原理有关，因此在绘制子系统原理图时，这三个元件有可能会出现在多个子系统中。

重新绘制转向子系统、裂土器子系统、推土铲举升子系统以及推土铲倾斜子系统的液压原理图，分别如图 4-33 ～图 4-36 所示。

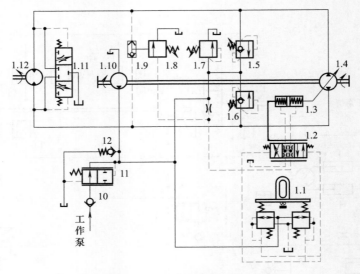

图 4-33　转向子系统

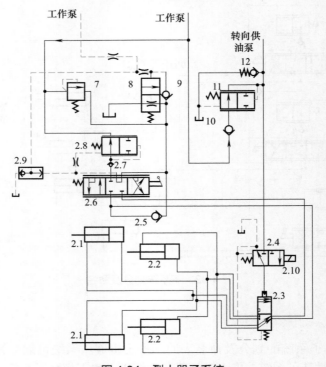

图 4-34　裂土器子系统

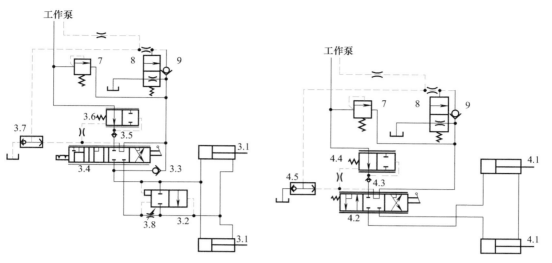

图 4-35　推土铲铲斗举升子系统　　　　图 4-36　推土铲铲斗倾斜子系统

4.7　分析各子系统

由多个执行元件组成的推土机液压系统被分解为转向、裂土器、推土铲铲斗举升以及推土铲铲斗倾斜 5 个子系统后，每个子系统只包含一个或作用相同的两个执行元件，因此结构简单、易于分析。此时可以把图 4-33～图 4-36 中每个子系统归结为一个或多个基本回路，然后根据基本回路的特点及工作原理对各个子系统进行分析，列写各种动作情况下执行元件的进油路和回油路。

4.7.1　转向子系统分析

推土机的转向系统通常包括液压转向系统和差速转向机构两部分，液压转向系统提供转向功率并通过差速转向机构分配到左、右两边履带，与变速器传输过来的机械功率（行走方向和速度）复合后，增加一边履带的速度，同时减小另一边履带的速度，从而实现推土机的转向。推土机转向子系统液压原理图见图 4-33，该转向液压子系统由转向液压泵、转向液压马达、转向先导阀以及旁通和压力控制阀组组成，其中转向液压泵的进、出油口和转向液压马达的出、进油口分别连接，因此该液压系统属闭式容积调速系统。图 4-33 的转向液压子系统包含两个液压泵，因此该子系统由两个回路组成，一是用来驱动机器转向的高压循环供油回路，一是控制和补充高压循环油路的低压供油回路。低压供油泵也用来移动裂土器分配阀和对系统中的油液进行冷热交换。

转向子系统要完成的动作主要是推土机的左转和右转，此外，还有一些辅助的动作，例如补油泵给系统补油和换油、转向液压泵卸荷以及主工作泵给转向子系统补油等。

（1）右转

根据前述转向先导阀模块的工作原理，当转向先导阀 1.1 操纵手柄向右转时，辅助泵 1.10 提供的压力油分两路，一路经转向先导阀 1.1 左侧阀口作用于变量控制阀 1.2 阀芯右侧，另一路经固定节流孔以及变量控制阀 1.2 右位，进入变量活塞 1.3 右腔，推动变量活塞向左运动，从而使转向主泵下油口为出油口，上油口为进油口，变量活塞左腔油液经变量控制阀 1.2 右位回油箱。在转向主泵驱动下，转向液压马达 1.12 正转，并驱动差速转向机构，使推土机向右转向。此时，油路图如图 4-37 所示，进油路和回油路油液路线如下。

❶ 主油路

进油路：转向主泵 1.4 出口→转向液压马达 1.12 进口

回油路：转向液压马达 1.12 出口→转向主泵 1.4 进口

❷ 控制油路

　　　　　　　　　↗变量控制阀 1.2 右位→变量活塞 1.3 右腔

进油路：辅助泵 1.10

　　　　　　　　　↘转向先导阀 1.1 右侧油口→变量控制阀 1.2 阀芯右侧

回油路：　　　　变量活塞 1.3 左腔→变量控制阀 1.2 右位→油箱

　　　变量控制阀 1.2 阀芯左侧→转向先导阀 1.1 右侧油口↗

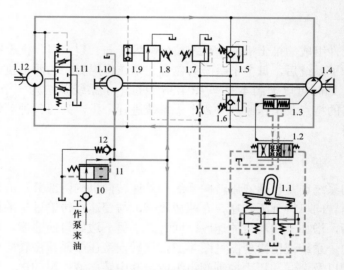

图 4-37　推土机右转油路

（2）左转

同理，当转向先导阀 1.1 操纵手柄向左转时，辅助泵 1.10 提供的压力油也分为两路，一路经转向先导阀 1.1 右侧阀口作用于变量控制阀 1.2 阀芯左侧，另一路经固定节流孔以及变量控制阀 1.2 左位，进入变量活塞 1.3 左腔，推动变量活塞向右运动，从而使转向主泵下油口为进油口，上油口为出油口，变量活塞右腔油液经变量控制阀 1.2 左位回油箱。在转向主泵的驱动下，转向液压马达 1.12 反转，并驱动差速转向机构，使推土机向左转向。此时，油路图如图 4-38 所示，进油路和回油路油液路线省略。

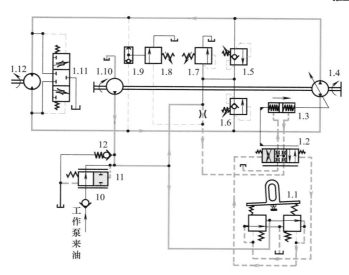

图 4-38　推土机左转油路

（3）补油和换油

虽然转向子系统是一个由液压泵和液压马达组成的闭式回路，油液在泵和马达之间循环流动，但由于泵和马达的泄漏，由马达进入泵的流量有可能会小于由泵进入马达的流量，使泵吸空并产生气穴，因此闭式回路需要补油装置。同时，由于油液在回路中不停地循环流动，油温逐渐升高，影响系统的正常工作。因此，闭式回路应该将循环油液的一部分排回油箱冷却，冷却后的油液再由补油泵补充到系统中。转向系统的补油和换油由辅助泵 1.10 完成，以右转向为例，转向主泵 1.4 下油口为出油口，驱动转向马达 1.12 正转，转向马达上油口为出油口，低压选择阀 1.11 此时工作在下位，转向马达出口侧低压热油经低压选择阀下位回油箱冷却。当系统低压油路压力过低时，辅助泵通过补油安全阀 1.5 中单向阀给系统补油，油路图如图 4-39 所示，进油路和回油路油液路线如下。

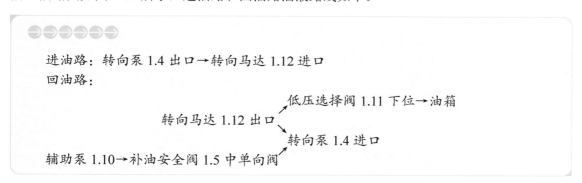

进油路：转向泵 1.4 出口→转向马达 1.12 进口

回油路：

　　　　　　　　　　　　　　　　　　　低压选择阀 1.11 下位→油箱

　　　　　　　转向马达 1.12 出口

　　　　　　　　　　　　　　　　　　转向泵 1.4 进口

辅助泵 1.10→补油安全阀 1.5 中单向阀

（4）从主工作泵补油

如果辅助泵的流量不足以满足转向系统的补油需要，则辅助泵出口压力降低，如果低于旁通和压力控制阀组中压力阀 11 弹簧的调定压力时，则压力阀 11 在弹簧作用下工作在左位，此时主工作泵来油经压力阀 11 左位与辅助泵供给的压力油合流后，同时补充到系统中。以转向马达 1.12 右转为例，需要大量补油时，辅助泵和主工作泵的来油合流后，同时补充到转向主泵的进油处。油路图如图 4-40 所示，进油路和回油路油液路线如下。

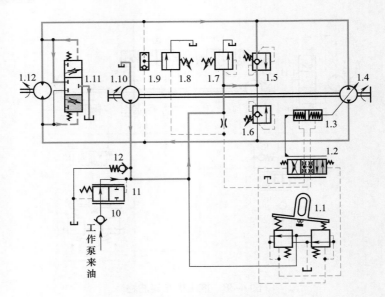

图 4-39　补油和换油油路

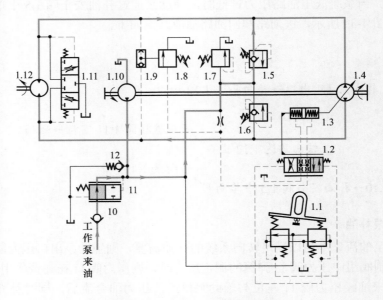

进油路：转向主泵 1.4 出口→转向马达 1.12 进口

回油路：转向马达 1.12 出口→转向主泵 1.4 进口

　　辅助泵 1.10→补油安全阀 1.5 中单向阀→转向主泵 1.4 进口

主工作泵→单向阀 10→压力阀 11 左位↗

图 4-40　从主工作泵补油油路

（5）安全保护

　　同样以右转向为例，如果变量控制阀 1.2 工作在右位，转向主泵 1.4 下油口为出油口，下方油路为高压油路。当高压油路压力过高，超过系统允许的最大工作压力时，控制油使补油安全阀 1.6 中溢流阀开启，高压油通过补油安全阀 1.6 的溢流阀和 1.5 的单向阀流入低压管路，从而实现系统的安全保护。油路图如图 4-41 所示，进油路和回油路油液路线省略。

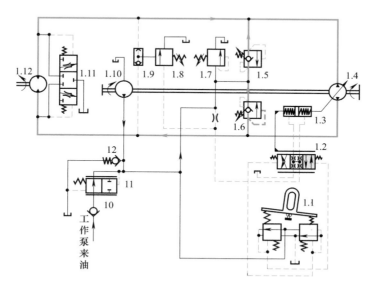

图 4-41　安全保护油路

（6）切断

　　同样以右转向为例，如果变量控制阀 1.2 工作在右位，则转向泵 1.4 下油口为出油口，下方油路为高压油路，下方油路中压力油通过梭阀 1.9 作用到切断阀 1.8 的控制口。当高压油路中压力过高接近切断阀 1.8 的调定压力时，控制油使切断阀 1.8 打开，辅助泵经切断阀卸荷，辅助泵出口压力迅速降低到接近于零，变量活塞两腔压力消失，在对中弹簧作用下，变量活塞回到中位，转向主泵处于"零"排量状态，推土机停止转向。通常在转向马达无法驱动负载，例如车轮转向过程中遇到障碍物或被卡死时，启动切断功能，可防止转向主泵由于长时间溢流而引起油温升高。切断功能油路图如图 4-42 所示，进油路和回油路油液路线如下。

　　　　进油路：转向主泵 1.4 出口→转向马达 1.12 进口
　　　　回油路：转向马达 1.12 出口→转向泵 1.4 进口
　　　　　　　　　　　　　　辅助泵 1.10
　　　　　　　　　　　　　　　　　切断阀 1.8→油箱
　　　　变量活塞 1.3 两腔→变量控制阀 1.2 中位

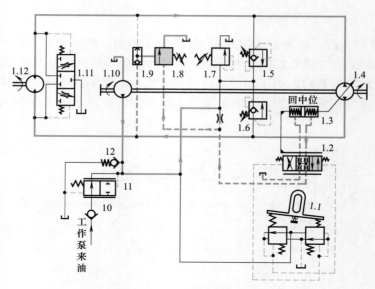

图 4-42　切断油路

4.7.2　裂土器子系统分析

裂土器子系统原理图见图 4-34，该子系统包括裂土器举升缸 2.1、刀齿倾斜缸 2.2、裂土器操纵阀 2.6、压力补偿阀 2.8、裂土器举升和倾斜切换阀 2.3、切换阀控制阀 2.4 以及单向阀 2.5 和 2.7 等元件。该子系统采用手动操纵阀控制裂土器的举升及倾斜动作，并通过调整该操纵阀的开口度控制裂土器的动作速度，此外压力补偿阀可用于补偿负载变化引起的流量变化。裂土器子系统包括调速回路、压力补偿回路以及换向回路等基本回路，要完成的动作主要是裂土器上升、下降、停止、刀齿上倾和下倾等。在裂土器操纵阀 2.6 调节裂土器动作速度时，主工作泵的输出流量通过负荷传感阀的控制自动与裂土器子系统负载所需要的流量相适应。

（1）裂土器升降

手动操作裂土器操纵阀 2.6 使之工作在左位，并且令电磁铁 2.10 断电，二位三通阀 2.4 工作在左位，从而使二位六通举升和倾斜切换阀 2.3 工作在下位。主工作泵来油通过压力补偿阀 2.8 打开单向阀（载荷检测阀）2.7，经裂土器操纵阀 2.6 左位、二位六通举升和倾斜切换阀 2.3 下位进入到裂土器举升缸 2.1 的无杆腔，举升缸活塞杆伸出使裂土器下落。裂土器举升缸有杆腔经二位六通阀 2.3 下位和裂土器操纵阀 2.6 左位以及回油控制阀 8 回油箱。如果操纵阀 2.6 的开口量小，裂土器下落速度慢，则经过回油控制阀 8 的流量小，回油控制阀 8 工作在下位即可满足回油流量的要求。油路图如图 4-43 所示，进油路和回油路油液路线如下。

> 进油路：主工作泵→压力补偿阀 2.8→单向阀 2.7→裂土器操纵阀 2.6 左位→二位六通阀 2.3 下位→裂土器举升缸 2.1 无杆腔
>
> 回油路：裂土器举升缸 2.1 有杆腔→二位六通阀 2.3 下位→裂土器操纵阀 2.6 左位→回油控制阀 8 下位→油箱

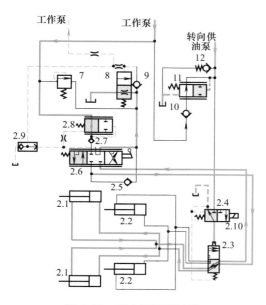

图4-43 裂土器下落油路

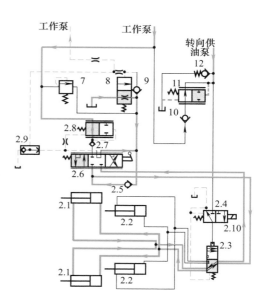

图4-44 快速下落油路

如果在下落过程中，裂土器举升缸由于自重要快速下落，有可能裂土器举升缸有杆腔会出现供油不足，压力有可能会降低到低于大气压，此时回油和油箱中油液可通过单向阀2.5补充到进油路中，以满足裂土器举升缸快速下落的需要。此时油路图如图4-44所示，进油路和回油路油液路线省略。

裂土器上升过程与下降过程类似，其油路图如图4-45所示。

如果在裂土器举升缸上升过程中，开大裂土器操纵阀2.6的阀口，使进入裂土器举升缸的流量增大时，裂土器举升缸快速上升，回油流量也增大，此时如果回油控制阀8仍然工作在下位，则阀进口处的压力升高，升高的压力经单向阀9作用到回油控制阀8的阀芯上部，当压力升高到回油控制阀8弹簧的调定压力时，回油控制阀8换向到上位，使回油路在没有节流和背压的情况下回油，满足裂土器快速上升的需要。油路图如图4-46所示，进油路和回油路油液路线省略。

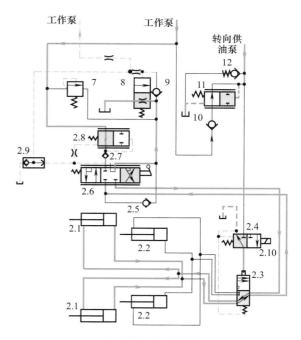

图4-45 上升油路

当裂土器操纵阀2.6工作在中位时，裂土器举升缸2.1两腔封闭，裂土器停止工作。如果所有工作机构都停止工作，则主工作泵在变量机构调节下排量减小到接近于零，主工作泵不输出油液，与工作装置的动作情况相适应。油路图如图 4-47 所示，油路路线省略。同样，当下述裂土器倾斜缸停止工作时，工作原理相同。

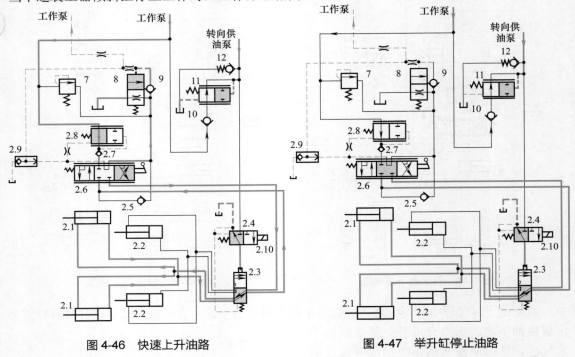

图 4-46　快速上升油路　　　　　　　　　图 4-47　举升缸停止油路

（2）裂土器倾斜

裂土器倾斜缸 2.2 的工作原理与裂土器举升缸 2.1 的工作原理相似，只不过裂土器倾斜缸 2.2 工作时，电磁铁 2.10 通电，电磁换向阀 2.4 工作在右位，此时在转向子系统辅助泵控制油的作用下，二位六通裂土器举升和倾斜切换阀 2.3 换向到上位，其他元件动作原理与裂土器举升缸工作时动作原理相同。

例如当操纵阀 2.6 工作在左位时，裂土器倾斜缸 2.2 的无杆腔进油，有杆腔回油，裂土器倾斜缸活塞杆伸出，刀齿向下倾，油路图如图 4-48 所示。进油路和回油路油液路线省略。

如果在下倾过程中，裂土器倾斜缸由于自重要快速下倾时，可通过单向阀 2.5 把回油和油箱中的油液补充到进油路中，以满足裂土器倾斜缸快速下倾的需要。此时油路图如图 4-49 所示，进油路和回油路油液路线省略。

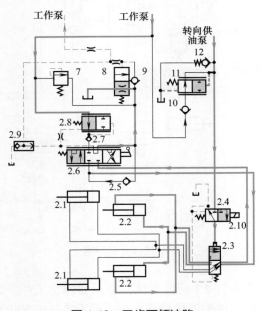

图 4-48　刀齿下倾油路

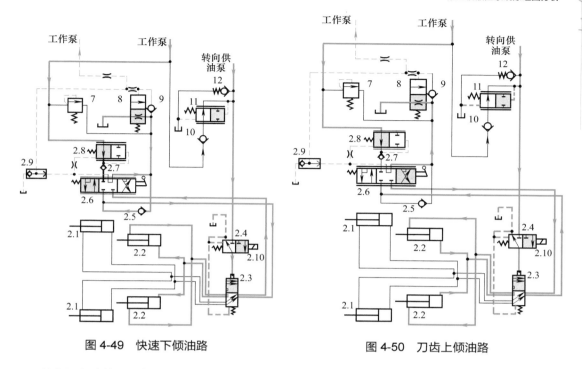

图 4-49　快速下倾油路　　　　　　图 4-50　刀齿上倾油路

　　裂土器倾斜缸活塞杆缩回，使刀齿上倾时，油路图如图 4-50 所示，进油路和回油路油液路线如下。

　　进油路：主工作泵→压力补偿阀 2.8→单向阀 2.7→裂土器操纵阀 2.6 右位→二位六通阀 2.3 上位→裂土器倾斜缸 2.2 有杆腔

　　回油路：裂土器倾斜缸 2.2 无杆腔→二位六通阀 2.3 上位→裂土器操纵阀 2.6 右位→回油控制阀 8 下位→油箱

　　当裂土器操纵阀 2.6 工作在右位时，如果开大阀口开度，裂土器倾斜缸快速动作，回油流量增加，使回油背压增大，推动回油控制阀 8 换向到上位，实现快速回油。此时油路图如图 4-51 所示，进油路和回油路油液路线省略。

4.7.3　推土铲铲斗举升子系统分析

　　推土铲铲斗举升子系统原理图见图 4-35，该子系统中推土铲举升液压缸 3.1 由铲斗举升操纵阀 3.4 控制，该铲斗举升操纵阀有四个工作位置，分别控制推土铲的抬起、落下、保持以及浮动四个动作，铲斗举升操纵阀的四个工作位置分别标注为左 1、左 2、中位及右位。为实现推土铲快速动作，子系统中还设置了快降阀 3.2，其动作原理已在模块分析中进行了介绍。推土铲铲斗举升子系统包括调速回路、压力补偿回路、差动回路以及卸荷回路等基本回路。同样，在铲斗举升操纵阀 3.4 调节铲斗举升缸动作速度时，主工作泵的输出流量通过负荷传感阀的控制自动与铲斗倾斜子系统负载所需要的流量相适应。

（1）下落

手动操纵推土铲举升操纵阀 3.4 使之工作在左 2 位，主工作泵来油通过压力补偿阀 3.6、单向阀 3.5、操纵阀 3.4 左 2 位进入推土铲举升缸 3.1 无杆腔，举升缸活塞伸出使推土铲下落。有杆腔经推土铲举升操纵阀 3.4 左 2 位以及回油控制阀 8 回油箱。如果举升操纵阀开口度小，推土铲下落速度慢，则回油控制阀下位即可满足回油流量需要，且在有一定节流背压的情况下回油，可使慢速下落动作平稳。油路图如图 4-52 所示，进油路和回油路油液路线如下。

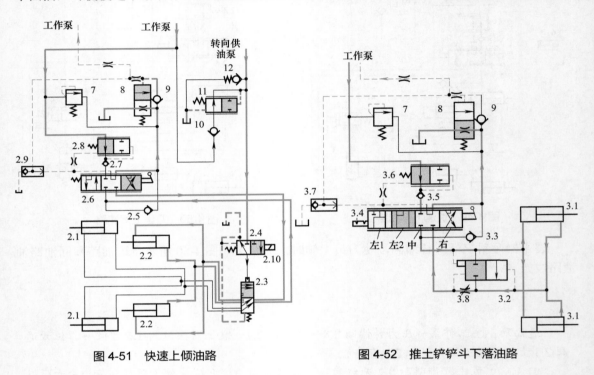

图 4-51　快速上倾油路　　　　　图 4-52　推土铲铲斗下落油路

进油路：主工作泵→压力补偿阀 3.6→单向阀 3.5→举升操纵阀 3.4 左 2 位→推土铲举升缸 3.1 无杆腔

回油路：推土铲举升缸 3.1 有杆腔→举升操纵阀 3.4 左 2 位→回油控制阀 8 下位→油箱

（2）差动下落

如果推土铲下落过程中，增大举升操纵阀 3.4 的开口量，推土铲由于自重而快速下落，此时进油路压力会降低，而回油路压力会升高，于是快降阀 3.2 换向到右位，推土铲举升缸 3.1 有杆腔回油经快降阀 3.2 右位进入到举升缸无杆腔的进油路，使举升缸 3.1 油路形成差动连接方式，从而实现快速下落。此时油路图如图 4-53 所示，进油路和回油路油液路线省略。

（3）差动快速下落

如果推土铲下降过程中，举升缸油路的差动连接方式仍然不能满足快速下落过程中无杆腔供油的需要，进油路压力会降低到低于大气压，此时可通过单向阀3.3从油箱吸油，实现快速下落。油路图如图4-54所示，进油路和回油路油液路线省略。

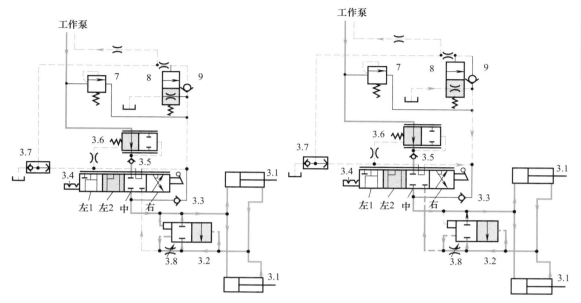

图4-53　差动下落油路　　　　　　图4-54　差动快速下落油路

（4）上升

　　手动操纵推土铲举升操纵阀3.4使之工作在右位，主工作泵来油通过压力补偿阀3.6、单向阀3.5、操纵阀3.4右位进入推土铲举升缸3.1有杆腔，举升缸活塞缩回，推土铲举升。无杆腔经推土铲举升操纵阀3.4右位以及回油控制阀8回油箱。如果举升操纵阀开口度小，推土铲下落速度慢，则回油控制阀下位即可满足回油流量需要。油路图如图4-55所示，进油路和回油路油液路线如下。

　　进油路：主工作泵→压力补偿阀3.6→单向阀3.5→举升操纵阀3.4右位→推土铲举升缸3.1有杆腔

　　回油路：推土铲举升缸3.1无杆腔→举升操纵阀3.4右位→回油控制阀8下位→油箱

　　当推土铲举升操纵阀3.4工作在右位时，如果开大阀口开度，推土铲举升缸快速举升，回油流量增加，回油控制阀8下位不能满足快速回油需要，于是回油背压增大，推动回油控制阀8换向到上位，实现快速回油。此时油路图如图4-56所示，进油路和回油路油液路线省略。

　　当推土铲举升操纵阀3.4工作在左1位时，推土铲举升缸3.1有杆腔和无杆腔都与回油箱相通，推土铲举升缸两腔压力相等，此时推土铲可在手动或外力作用下改变位置，即实现推土铲的浮动工作状态。油路图如图4-57所示，进油路和回油路油液路线省略。

　　当推土铲举升操纵阀3.4工作在中位时，推土铲举升缸3.1两腔封闭，推土铲停止不动。油路图如图4-58所示，进油路和回油路油液路线省略。

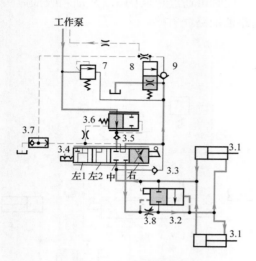

图 4-55 上升油路

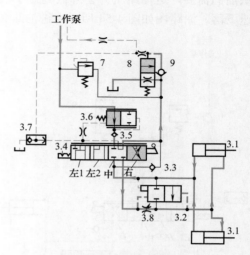

图 4-56 快速上升油路

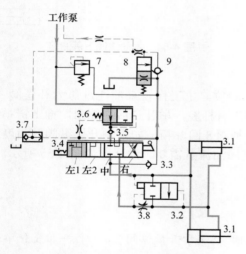

图 4-57 浮动工作油路

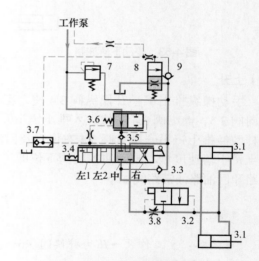

图 4-58 停止油路

当举升操纵阀 3.4 工作在左 2 位时，推土铲下降。当推土铲降落到终点接触地面时，在推土铲举升缸 3.1 有杆腔回油路中、快降阀 3.2 节流阀后面的油液迅速流回油箱，使快降阀 3.2 切换到右位，此时主工作泵来油经快降阀 3.2 右位直接回油箱，实现系统卸荷。油路图如图 4-59 所示，油路路线省略。

4.7.4 推土铲铲斗倾斜子系统分析

推土铲铲斗倾斜子系统原理见图 4-36，该子系统的组成及动作原理与铲斗举升子系统类似，但比铲斗举升子系统更加简单。手动操纵阀 4.2 控制铲斗倾斜缸 4.1 的动作及动作速度，压力补偿阀 4.4 用于补偿负载变化引起的流量变化。该子系统是一个由调速回路和换向回路组成的，在手动操纵阀4.2调节铲斗倾斜缸动作速度时，主工作泵的输出流量通过负荷传感阀的控制自动与铲斗倾斜子系统负载所需要的流量相适应。推土铲铲斗倾斜子系统要完成的动作就是推土铲上倾、下倾以及停止。

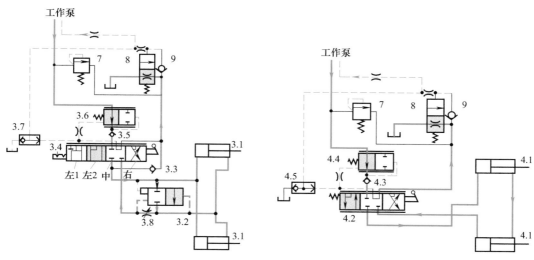

图4-59　快降终点卸荷油路　　　　图4-60　下倾油路

（1）下倾

手动操作推土铲倾斜控制阀4.2使之工作在左位，主工作泵来油通过压力补偿阀4.4、单向阀4.3、铲斗倾斜操纵阀4.2左位先进入推土铲倾斜缸4.1中上面位置液压缸的无杆腔，该液压缸活塞伸出。同时该液压缸有杆腔油液进入后一个下面位置液压缸的有杆腔，后一个液压缸活塞缩回，推土铲向下倾。后一个液压缸无杆腔经推土铲倾斜操纵阀4.2左位以及回油控制阀8回油箱。如果倾斜操纵阀开口度小，推土铲下倾速度慢，则回油控制阀下位即可满足回油流量需要。油路图如图4-60所示，进油路和回油路油液路线如下。

进油路：主工作泵→压力补偿阀4.4→单向阀4.3→倾斜操纵阀4.2左位→推土铲倾斜缸4.1上位缸无杆腔

回油路：推土铲倾斜缸4.1下位缸无杆腔→举升倾斜阀4.2左位→回油控制阀8下位→油箱

（2）快速动作

当推土铲倾斜操纵阀4.2工作在左位或右位时，如果开大阀口开度，推土铲倾斜缸快速下倾或上倾，回油流量增加，回油控制阀8下位不能满足快速回油需要，于是回油背压增大，推动回油控制阀8换向到上位，实现快速回油。快速下倾的油路图如图4-61所示，进油路和回油路油液路线省略。

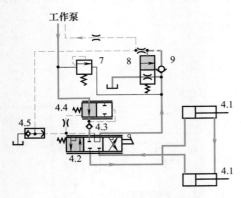

图 4-61　快速下倾油路

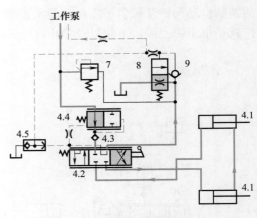

图 4-62　上倾油路

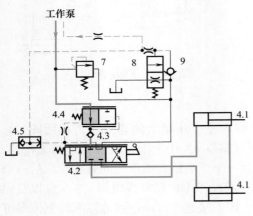

图 4-63　停止油路

（3）上倾

手动操作推土铲倾斜控制阀 4.2 使之工作在右位，主工作泵来油通过压力补偿阀 4.4、单向阀 4.3、铲斗倾斜操纵阀 4.2 右位先进入推土铲倾斜缸 4.1 中下面位置液压缸的无杆腔，该液压缸活塞伸出。同时该液压缸有杆腔油液进入上面位置液压缸的有杆腔，后一个液压缸活塞缩回，推土铲向上倾。后一个液压缸无杆腔经推土铲倾斜操纵阀 4.2 右位以及回油控制阀 8 回箱。如果倾斜操纵阀开口度小，推土铲下倾速度慢，则回油控制阀下位即可满足回油流量需要。油路图如图 4-62 所示，进油路和回油路油液路线如下。

　　进油路：主工作泵→压力补偿阀 4.4→单向阀 4.3→倾斜操纵阀 4.2 右位→推土铲倾斜缸 4.1 下位缸无杆腔

　　回油路：推土铲倾斜缸 4.1 上位缸无杆腔→举升倾斜阀 4.2 右位→回油控制阀 8 下位→油箱

（4）停止

手动操作推土铲倾斜操纵阀 4.2 使之处于中位，推土铲倾斜缸 4.1 两腔油路被封闭，推土铲停止不动，此时操纵阀中位具有一定的锁紧作用，如果子系统此时也不动作，主工作泵的变量机构在负荷传感阀的控制下排量降到最低，实现卸荷。油路图如图 4-63 所示，进油路和回油路油液路线省略。

4.8 分析各子系统的连接关系

由于转向子系统和工作装置子系统分别由两个液压泵供油，因此二者动作互不影响，不存在连接关系。对图4-30中简化的推土机液压系统原理图进行进一步的整理和简化，去掉压力补偿阀以及梭阀等元件，只绘制各个工作装置操纵阀的油路连接关系，如图4-64所示。

图4-64表明，推土机工作装置的裂土器、推土铲铲斗举升以及推土铲铲斗倾斜三个子系统之间属并联连接关系，每个子系统的进油分别与主工作泵进油连接，单独回油。因此推土机的三个子系统可同时动作，以提高工作效率。同时，由于压力补偿阀和主工作泵变量机构的作用，三个子系统的流量又是互不影响的，各个子系统的流量只由该子系统的操纵阀开口度决定，不受其他子系统流量变化以及系统本身负载变化的影响。

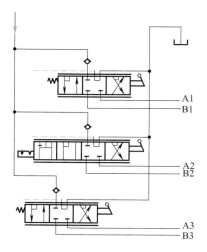

图 4-64　工作装置子系统连接关系

4.9 总结整个系统特点及分析技巧

通过前述模块推土机液压系统各子系统动作原理的分析和子系统连接关系的分析，对图4-3中推土机液压系统的特点和分析该类液压系统时能够采用的分析技巧进行总结。

4.9.1 系统特点

通过对推土机液压系统工作原理的分析，对图4-3中推土机液压系统的特点总结如下。

❶ 图4-3中的推土机液压系统包含了容积调速回路、负荷传感回路、闭式回路、差动回路、卸荷回路、比例伺服控制回路、辅助油泵补换油回路以及先导控制回路等基本回路。

❷ 采用负荷传感技术。

❸ 先导式转向控制回路。

❹ 转向回路采用闭式的液压回路，因此油箱体积小、结构紧凑、重量轻，适合于野外作业、对油箱占地面积要求严格的工程机械；但闭式液压系统的缺点是散热效果不好，因此像该液压系统一样，增加冷却装置是十分必要的。

❺ 采用比例伺服控制的变量泵，响应速度快、精度高。

❻ 在推土铲铲斗举升子系统的铲举升液压缸上设置快降阀，通过快降阀的动作可实现铲举升液压缸的差动连接，使铲举升缸的有杆腔油液进入铲举升缸的无杆腔，实现铲举升缸的快速下降。

4.9.2 分析技巧

通过推土机液压系统原理图的分析实例，对推土机和工程机械类液压系统原理图的分析技巧总结如下。

❶ 对于工程机械液压系统中采用的手动控制比例阀（操纵阀），虽然原理图上采用的是

比例阀符号，但在实际分析过程中，可按照普通换向阀的功能进行分析，只不过在各个工作位置，该比例阀还能够起到调节阀口开度、从而调节执行元件运动速度的目的。

②　在分析压力补偿阀的作用及工作原理时，把压力补偿阀的开口度与供油压力和负载压力之差相结合，这一压力差越大，压力补偿阀开口度越小，因此压力补偿阀也可等效为一个压差式减压阀，其工作原理与压差式减压阀相同，而操纵阀加上压力补偿阀就可以等效为一个调速阀。

③　基于工程机械液压系统的节能要求，负荷传感技术的作用就是使液压泵的输出功率尽量与负载所需要的功率相匹配，这一点是通过使液压泵的输出流量尽量与负载所需要的流量相匹配而实现的，明确这一原理有助于分析变量液压泵的变量原理。

④　应熟练掌握闭式回路使用的常用辅助元件及闭式回路的基本原理，例如闭式回路通常包括补、换油装置、双向安全保护装置等元件。

模块五

热压机液压系统原理图分析

动画演示

二通插装阀以及由二通插装阀组成的插装阀集成块，采用插装阀集成配置，具有结构紧凑、安装方便以及振动小等特点，易于实现高压、大流量和标准化。同时随着二通插装阀控制技术的发展，插装阀在液压系统中的应用日益广泛。

由于电液比例阀具有形式种类多样、容易组成使用电气及计算机控制的各种电液系统、控制精度高、安装使用灵活以及抗污染能力强等优点，由比例阀实现的液压控制系统在国民经济和自动化生产中得到了越来越广泛的应用。

本模块将以一个采用插装阀和比例阀进行控制的热压机组液压系统为例，根据模块一介绍的液压系统原理图分析方法，对该液压系统进行分析，从而介绍采用插装阀和比例阀的液压系统分析方法及分析技巧。

5.1 热压机概述

热压机是在对人造板加热的同时进行加压成型的生产主机，人造板包括胶合板、纤维板、刨花板以及非木质碎料板等。热压机作为人造板生产的主机之一，在人造板生产中发挥着重要作用。某型号热压机组成结构如图 5-1 所示，该热压机主要由热压机主体、液压装置以及加热装置三部分组成。

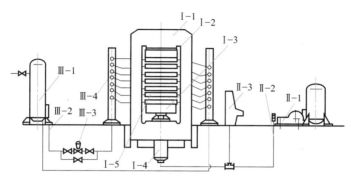

图 5-1 热压机的组成结构

Ⅰ—热压机本体；Ⅰ-1—热压机机架；Ⅰ-2—上顶板（上横梁）；Ⅰ-3—下顶板（活动横梁）；
Ⅰ-4—液压缸；Ⅰ-5—热压板；Ⅱ—液压系统；Ⅱ-1—液压油源；Ⅱ-2—管路；Ⅱ-3—控制元件；Ⅲ—加热系统；
Ⅲ-1—热源；Ⅲ-2—管道；Ⅲ-3—加热及冷却控制装置；Ⅲ-4—进、排气（水）装置

人造板的热压方法根据其生产方式可分为平压法、辊压法和挤压法；根据加热板坯的方式又可分为接触加热、高频加热、接触高频混合加热；根据板坯在热压设备中的运行情况还可分为周期式热压机和连续式热压。因此根据不同的工作方式，热压机可分为周期式热压机和连续式热压机两种；根据热压机层数的多少又可分为单层压机和多层压机；根据加工工艺的不同，又可分为预压机、冷压机、热压机等。在我国人造板生产和木制品生产中，多层热压机的应用最为普遍。

周期式热压是指板坯在固定位置下受热、受压的方式，经"装板—压板—卸板"三个阶段，为周期式（间歇式）生产过程，该工艺主要有单层热压和多层热压两种。在压板过程中，板坯主要经过受热不受压的压板闭合初始阶段、受热受压的胶黏剂基本固化中期阶段和低压受热的板坯排气末期阶段。在周期式热压过程中，由于产品种类、胶种、板坯含水率、产品厚度、幅面等差异，其所采用的热压曲线和热压温度也不相同。

一般板坯含水率要求控制在 15 % 以下，对于高压段，当最高压力提高后，产品的各项物理力学性能有所改善，但过高的压力往往会造成断面表层密度大、芯层密度小的密度梯度；对于低压段，压力太高会造成水蒸气蒸发困难，从而延长热压周期，控制不好易出现水迹、鼓泡等缺陷，如果压力过低，由于导热效率过低，同样要延长热压时间，故压力一般选择在某一范围变化才能够满足产品质量的要求。热压温度主要由胶黏剂的种类、产品类型、原材料性质、设备性能等因素决定，一般单层压机的热压温度较多层压机高，且热压时间较短，单层压机一般使用快速固化胶。

连续式热压机主要有三种类型：辊压式、平压式和挤压式。压机运行速度除与热压温度、板坯厚度、压机长度等直接有关外，还要随胶黏剂种类与施胶量、制品密度及环境温度等因素的变化而调整。连续平压的热压温度根据设备的条件可分为三段或四段循环温度，这与压机的预压段、加压段、定厚段的不同功能相一致。通常第一循环温度至第三或第四循环温度呈递减趋势，其温度在 220 ~ 180℃之间。生产较厚板或薄板时，也会超出此范围，高者超出230℃，低者仅 70℃。连续平压板坯的含水率一般高于连续辊压，与周期式热压工艺相近。

周期式热压机是我国人造板行业应用最多的压机，目前广泛使用的是单层压机。单层压机系统一般包括热压机和铺装带传送系统两大部分，只有上、下两套热压板，热压板由加热板、平衡板和框架构成，压板幅面较大，液压缸数量较多，液压缸柱塞直径也较大，并且包括压板和平衡板两套加热系统。单层压机的特点是占地面积大，设备简单，维修维护方便；压机吨位大，周期产量较低，一般采用高温高压和快速固化胶的短周期热压工艺；单层热压机使用若干年后即出现热压变形，且它的主要部件——钢带在热压冲击下很容易变形。

多层压机系统一般包括热压机、装板机、卸板机三部分。压机总吨位小、幅面小，但压机本身结构复杂，并且要有同时闭合（胶合板例外）、厚度控制、装板、卸板等配套装置。多层压机种类繁多，性能各异，特点是产量大、占地面积少，但设备精度较差，且产品厚度公差大，特别当生产薄板时，产量下降幅度较大。

5.2　了解热压机液压系统的工作任务和动作要求

按照工艺要求，热压机的动作应具备如下特点。

❶ 空行程较长，因此要求较快的闭合速度。闭合速度快对工艺和效率均有利，一方面减小非施压工作状态下的加热时间，防止板坯表面胶质过早固化；另一方面可缩短辅助时间，提高热压机生产效率。

② 加压行程小且速度低，有时要采用分段加压的方式。

③ 应具有一定的保压时间，其长短随制品不同而不同。

④ 回程前必须缓慢释压，如果突然降压，会使制品中残余的水分因骤然失压急剧汽化而产生"鼓泡"、分层或脱胶等缺陷，造成废品，同时也会引起液压设备的冲击和振荡。

⑤ 回程一般依靠液压缸活塞以及下顶板或横梁的自重下降，为了减少回程时间，应尽可能加快回程速度。

为满足热压机上述运动和工艺要求，液压系统应具备如下特点。

① 需要大流量但压力不必太高的液压油源来保证快速闭合的需要，因此液压管路和液压阀的通径要大。

② 在升压过程中，工作速度小，系统所需要的流量很小，此时可使用一个高压泵小流量供油。

③ 保压过程需要较长时间，要求系统的密封性要好，并设有补油装置。

④ 为了缓慢释压，在回路中可专门设置释压阀。

为满足上述特点，液压系统可采取如下一些措施。

① 油源，可采用多泵供油、蓄能器辅助供油等方式满足系统不同工作阶段的流量和压力需要，例如采用一个低压大流量泵和一个高压小流量泵的双泵供油方式，系统实现快速动作且工作压力低时，使用低压大流量泵和高压小流量泵同时供油，满足快速动作需要；系统慢速加压时，采用高压小流量泵供油，满足压力需要；或低压时由蓄能器和液压泵同时供油，以满足快速动作时大流量的需要。

② 保压方式，蓄能器保压是一种常用的保压方式，采用管路封闭、依靠管路自身弹性变形方式实现保压是一种结构和原理都十分简单的保压方式。

要完成人造板的所有生产加工工艺，热压机液压系统除了包括热压机主液压系统外，还通常包括装板机液压系统、卸板机液压系统、推板器和挡板器等辅助液压系统，从而形成热压机组液压系统。辅助液压系统要完成的工作任务和要实现的动作要求简单，而热压机主液压系统要保证加压和卸压等动作的高精度控制以及与加热过程的合理配合，因此热压机主液压系统要完成的工作任务复杂，动作要求高。通常热压机液压系统要完成二段保压或三段保压的工作循环。例如三段保压的动作循环包括如下动作过程：①热压板快速闭合；②升压；③一段保压；④降压；⑤二段保压；⑥升压；⑦三段保压；⑧卸压；⑨快速返回。

热压机主液压系统三段保压的工作循环可用如图 5-2 所示曲线表示。

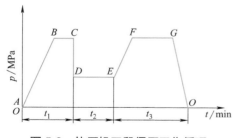

图 5-2　热压机三段保压工作循环

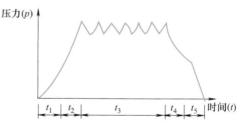

图 5-3　热压机的热压曲线

图 5-2 中曲线 AB 段表示升压工作过程，BC 段表示一段保压工作过程，CD 段表示降压工作过程，DE 段表示二段保压工作过程，EF 段表示二次升压工作过程，FG 段表示三段保压工作过程，GO 段表示卸压回油工作过程。

不同的热压机工艺热压曲线不同，图 5-3 是另一种热压曲线，该热压过程只包括一个保压阶段，在保压阶段（t_3），没有明显的降压过程，保压压力始终保持在某一保压压力范围内，当由于泄漏等原因保压压力达到最低限时，液压泵重新给热压机主液压缸供油，使热压机升压。

只有了解热压机液压系统的工作要求及动作循环，才能更好地分析热压机组液压系统的动作原理、元件组成及系统的特点。

5.3 初步分析

根据热压机组液压系统原理图初步分析整个热压机组液压系统的目的，明确液压系统的组成元件及功能，以便根据系统的组成元件把热压机组液压系统分解成多个简单的子系统。

5.3.1 粗略浏览

某型号热压机组液压系统的原理图如图 5-4 所示，浏览整个液压系统，按照模块一中先分析能源元件和执行元件、后分析控制调节元件和辅助元件的原则，分析热压机组液压系统的组成元件及功能。但是图 5-4 的热压机组液压系统原理图中没有给出执行元件，因此省略对执行元件的分析。了解热压机的动作要求和动作循环后，可以确定热压机组各个执行元件要完成的动作均为直线运动，因此可以推测热压机组液压系统的执行元件应为液压缸，每个动作机构可能由一个或多个液压缸驱动。同时，由于热压机、装板机、卸板机以及同步闭合都只有一条供油油路连接到执行元件，没有回油油路，因此可以推断这四个工作机构采用的都是单作用液压缸，而挡板器和推板器采用的都是双作用液压缸。

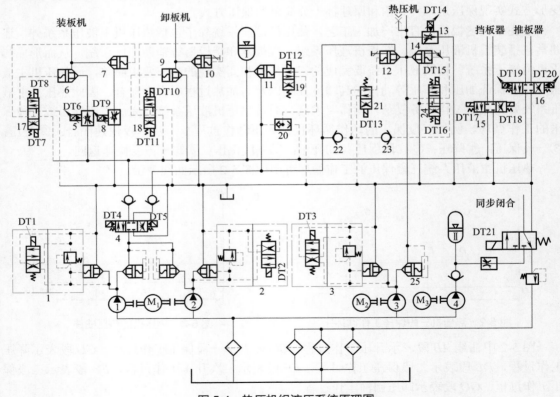

图 5-4　热压机组液压系统原理图

（1）能源元件

4 个定量液压泵，由三个电动机带动，其中有两个液压泵共用一个电动机，液压泵为整个热压机组液压系统提供油液。

（2）控制调节元件

多个插装阀，起到调节流量、压力及油路工作方向等作用；

2 个比例调速阀，调节装板机动作速度；

1 个比例换向阀，调节挡板机动作速度；

1 个普通调速阀，调节同步回路动作速度；

1 个梭阀，实现高压选择；

多个普通换向阀，实现热压机、推板器、挡板器、装板机、卸板机的动作切换；

多个单向阀，防止油液倒流；

溢流阀，调定工作压力以及使系统卸荷。

图 5-4 中普通换向阀均为电磁换向阀，换向阀中有 4 个三位四通电磁换向阀，5 个二位二通电磁换向阀，1 个三位四通电液换向阀。

（3）辅助元件

1 个油箱，贮存油液；

2 个蓄能器，作辅助油源；

4 个滤油器，过滤油液。

5.3.2　给元件编号

图 5-4 热压机组液压系统原理图中给出了各个元件的编号，因此这里可以省略对各个元件进行重新编号的过程。但在对整个液压系统进行简化和整理后，有可能会省略掉某些元件，因此为了便于后续分析，可以在整理和简化油路后再对原理图中各个元件进行重新编号。

5.4　整理和简化油路

如果液压系统油路的连接关系复杂、分支多，则往往不容易正确划分子系统。此时，可对原系统进行适当的整理和简化。图 5-4 中热压机组液压系统组成元件数量多、油路连线复杂，因此在划分子系统之前，应该对该液压系统原理图进行整理和简化。可通过缩短油路连线、删掉不必要的元件、用等效元件简化元件符号等方法进行简化。

5.4.1　简化油路连线

整理和简化油路首先应尽可能减少油路连线或减少油路连线的交叉。图 5-4 的热压机组液压系统原理图中，供油和回油连线交叉，因此系统分析时容易产生失误，可采用拆分总回油线、增加油箱和回油符号以及就近回油的方法进行油路连线的简化。例如阀 1、8 和 17 三者的回油线可以不连接到总回油线上，而是在三者附近增加一个油箱和回油符号。把热压机组液压系统中能够简化或删除的油路连线用"×"号进行标记，如图 5-5 所示。

图 5-5 表明增加回油符号、缩短油路连线并删除某些油路连线可以避免回油线与两个单向阀后面供油线的交叉，从而使系统原理图更加直观，易于阅读。此外，为使供油和回油连线更加直观，在实际的分析构成中也可以用不同颜色或不同粗细的线来代表供油线和回油线。

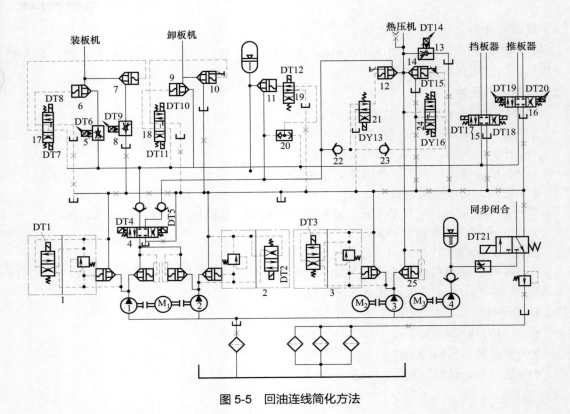

图 5-5　回油连线简化方法

5.4.2　去掉不必要的元件

图 5-4 的热压机组液压系统原理图中 4 个滤油器对原理图的分析影响不大，因此可以省

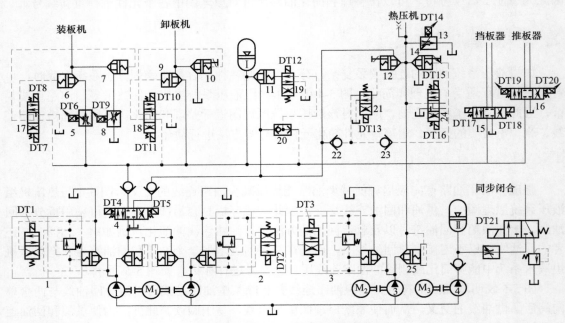

图 5-6　省略元件后整个系统原理图

略掉滤油器元件。根据热压机组的动作要求，图 5-4 中两个蓄能器的作用应该是作辅助油源，因此不能够省略。所以热压机组液压系统原理图中能够省略掉的元件只有滤油器元件，省略滤油器后，整个系统原理图如图 5-6 所示。

5.4.3 使用等效元件

在功能相同的情况下，使用二通插装阀液压回路的元件个数通常多于使用普通液压阀的元件个数，因此采用二通插装阀的液压系统原理图往往比采用普通液压阀的原理图复杂。由于二通插装阀的功能通常能够等效为普通液压阀的功能，为使液压系统回路简化、分析和阅读方便、并易于被划分为子系统，可以用普通液压阀的图形符号代替插装阀的图形符号。

例如图 5-4 中插装阀 6 和插装阀 7 以及换向阀 17 三者合起来所起的作用等同于一个三位三通换向阀所起的作用，因此可用一个三位三通换向阀的符号代替阀 6、阀 7 和阀 17，如图 5-7 所示。用一个换向阀代替三个阀，这样可使系统原理图大大简化，有利于子系统的划分，使分析简单。

插装阀 9 和插装阀 10 以及换向阀 18 三者合起来所起的作用也等同于一个三位三通换向阀，只不过阀 10 的开口度是可调的，因此这三个阀的等效元件如图 5-8 所示。

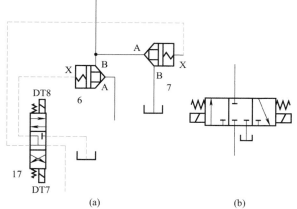

图 5-7　阀 6、阀 7 和阀 17 的等效元件

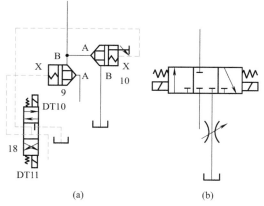

图 5-8　阀 9、阀 10 和阀 18 的等效元件

由换向阀和溢流阀控制的组合插装阀 1、阀 2 和阀 3 的功能相同，可以等效为由电磁开关阀进行先导控制的具有卸荷功能的溢流阀，三个阀的等效元件如图 5-9 所示。

图 5-4 的热压机组液压系统原理图中其他插装元件的等效元件分别如图 5-10 ～ 图 5-13 所示。

5.4.4 绘制等效原理图

如果把图 5-4 的热压机组液压系统原理图中所有插装阀元件都等效成普通的液压阀，用普通液压阀的图形符号代替图 5-4 原理图中的插装阀图形符号，则整个系统的等效原理图如图 5-14 所示。图 5-14 表明，采用等效元件代替插装阀元件，整个系统使用元件的数量减少

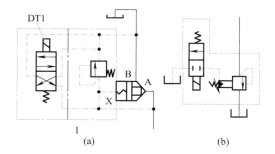

图 5-9　组合阀 1、2、3 的等效元件

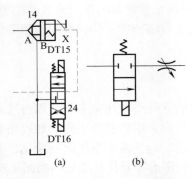

图 5-10　组合阀 14、24 的等效元件

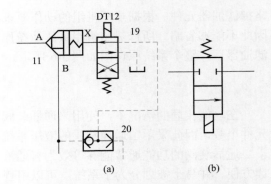

图 5-11　组合阀 11、19、20 的等效元件

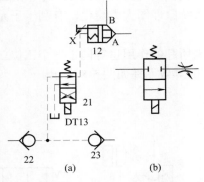

图 5-12　组合阀 12、21、22、23 的等效元件

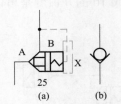

图 5-13　阀 25 的等效元件

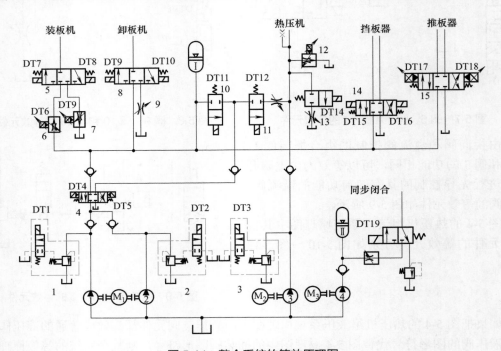

图 5-14　整个系统的等效原理图

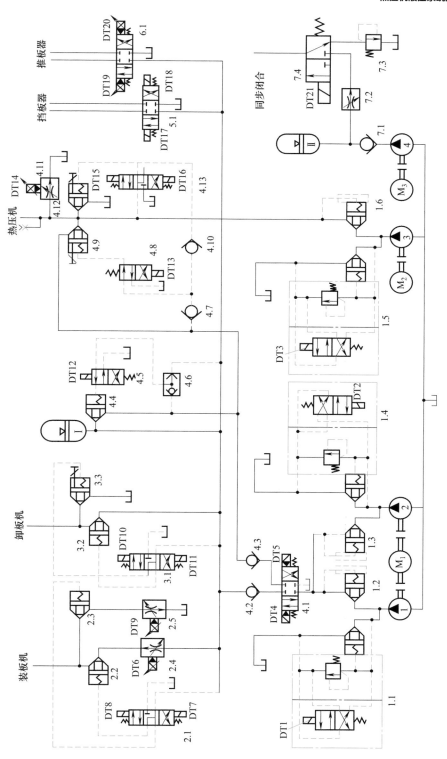

图 5-15　简化后重新编号的原理图

了，原理图更加清晰、有条理，因此更易于子系统的划分。

5.4.5　给元件重新编号

　　由于省略了某些元件并使用等效元件代替图5-4的热压机组液压系统原理图中的某些元件，因此应该对图5-6经过简化的原理图以及图5-14等效原理图中的所有元件进行重新编号。为便于划分子系统和后续子系统分析过程中列写油路路线，采用模块一中对相关元件进行相关编号的方法，用数字编号方式对图5-6和图5-14原理图中所有元件进行重新编号，重新编号后热压机组液压系统原理图分别如图5-15和图5-16所示。

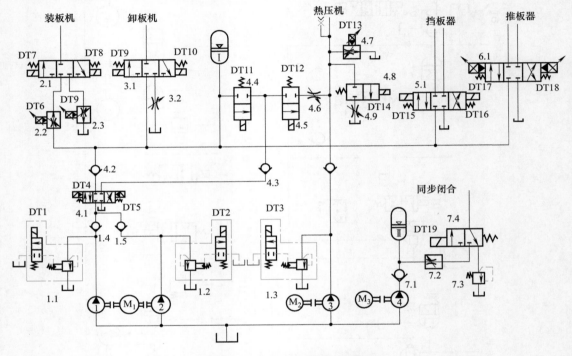

图 5-16　重新编号的等效原理图

5.5　划分子系统

　　在了解和掌握了液压基本回路工作原理的基础上，如果把热压机组液压系统分解为由基本回路组成的多个子系统，再对每个子系统套用基本回路的分析方法，则热压机组液压系统原理图的分析更加容易。根据模块一中划分子系统的规则，由于热压机组液压系统由多个执行元件组成，因此可按照执行元件的个数对热压机组液压系统进行划分。

5.5.1　子系统划分及编号

　　由于图5-16等效的热压机组液压系统原理图更加简单、易于阅读，因此根据图5-16进行子系统的划分。然后在分析各个子系统的动作原理时，再把普通液压阀图形符号还原成原来的插装阀图形符号。

图 5-16 等效热压机组液压系统原理图中包含卸板机、装板机、挡板器、推板器、热压机、同步闭合机构六个执行机构，因此可以按照六个执行机构把热压机组液压系统划分为六个子系统。由于液压油源由多个液压泵组成，且溢流阀起到调压和卸荷的作用，油源结构比较复杂，因此需要把油源单独划分为一个子系统，而不能够划归到其他子系统中，否则将会造成某个子系统结构过于复杂，不利于子系统动作原理的分析。在把油源单独划分为一个子系统时，由于图 5-14 中液压泵 4 只为同步闭合回路供油，与其他回路的动作无关，因此把液压泵 4 划归到同步闭合子系统中，而不划归到油源子系统。液压泵 1、2、3 同时与多个子系统存在相关性，因此应该把这三个液压泵以及三个液压泵的溢流阀和单向阀划归到油源子系统中。根据上述原则，热压机组液压系统需要被划分为 7 个子系统。

把各个子系统用虚线框区分开，然后用中文命名或数字编号方式对各个子系统进行命名或编号，如图 5-17 所示，图中采用中文命名方式对各个子系统进行命名。

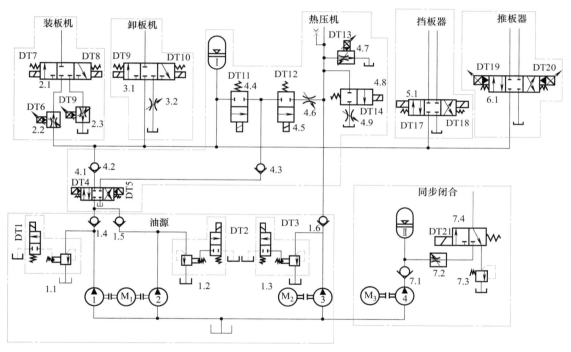

图 5-17　子系统划分及命名

5.5.2　绘制子系统原理图

图 5-17 表明整个热压机组液压系统包括 7 个子系统，分别是热压机子系统，装板机子系统、卸板机子系统，推板器子系统、挡板器子系统、同步闭合子系统以及油源子系统。在分析各个子系统的动作原理之前，首先应重新绘制各个子系统的原理图，然后再根据原理图分析各个子系统的动作过程，列出各个子系统的进油和回油路线。在绘制热压机组液压系统各个子系统的原理图时，应把图 5-17 中普通液压阀图形符号再还原成原来的插装阀图形符号，这样才能分析清楚原液压系统的动作原理。此外，电液换向阀 4.1 和蓄能器 I 虽然被划归到热压机子系统中，但这两个元件与多个子系统的动作相关，因此会根据需要出现在多个子系统中。热压机组液压系统各个子系统的原理图分别如图 5-18 ～图 5-24 所示。

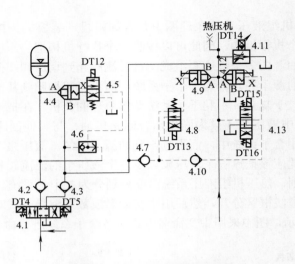

图 5-18　热压机子系统原理图

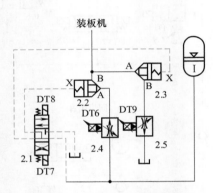

图 5-19　装板机子系统原理图

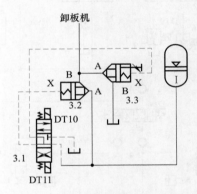

图 5-20　卸板机子系统原理图

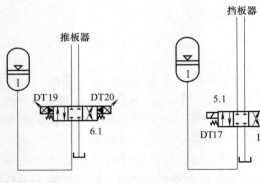

图 5-21　推板器子系统
原理图

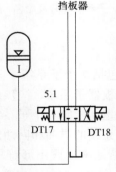

图 5-22　挡板器子系统
原理图

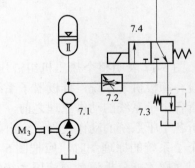

图 5-23　同步闭合子系统
原理图

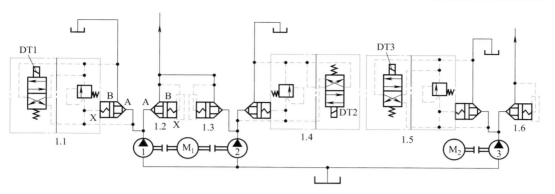

图 5-24　油源子系统原理图

5.6　分析各子系统

　　由多个执行元件组成的热压机组液压系统被分解为多个子系统后，每个子系统只有一个执行元件，因此结构简单、易于分析。此时每个子系统可以被归结为一个或多个基本回路，根据基本回路的特点及工作原理对各个子系统进行分析。在对子系统进行分析时，首先确定子系统的结构组成及动作循环，然后按照基本回路动作原理分析子系统动作循环过程中各个动作过程的工作原理，绘制油路图、列写各种动作情况下执行元件的进油路和回油路路线，再填写不同工作情况下该液压子系统中各种控制阀或电磁铁的动作顺序表。

5.6.1　热压机子系统分析

　　热压机子系统原理图见图 5-18，该子系统的控制调节元件主要有一个比例调速阀 4.11、两个阀口开度可调的插装阀 4.9 和 4.12、一个阀口开度不可调的插装阀 4.4、三个电磁换向阀、一个电液换向阀、一个梭阀和 4 个单向阀组成，由蓄能器和液压泵 1、液压泵 2 和液压泵 3 同时供油。该子系统包括调速回路、保压回路、蓄能器供油回路以及换向回路等基本回路。

　　根据前面对热压机系统动作要求和工作循环的了解，热压机子系统要完成的动作有压机快升、压机慢升、加压、保压、释压、压机快速返回等动作过程，其中保压过程通常为两段保压或三段保压。如果在不了解被分析系统工作要求的情况下，从系统原理图并不能看出热压机系统的保压过程是两段保压还是三段保压，而无论是两段保压还是三段保压的动作过程，子系统的工作原理都是一样的，因此只需分析一个加压—保压—升压的动作过程即可。图 5-18 的热压机子系统原理图表明，与热压机子系统相关的能源元件有三个液压泵和一个蓄能器。热压机的动作要求表明，蓄能器的作用不是消除系统的压力脉动和冲击，应该是作辅助油源。当蓄能器作辅助油源时，其工作过程应该是先充液、后供油。因此，在热压机工作循环之前，应该有一个给蓄能器充液的工作过程。

（1）蓄能器充液

　　在热压机子系统中，能够给蓄能器充液的液压泵是泵 1 和泵 2，泵 3 只能给热压机液压缸供油，因此蓄能器充液过程中，电机 M_1 启动，液压泵 1 和泵 2 处于工作状态，原理图如图 5-25 所示。如果根据图 5-25 原理图进行分析，则蓄能器充液可以有两种方案。

　　方案一　图 5-25 热压机子系统蓄能器充液原理图中电磁铁 DT4 和 DT12 通电，其他电磁铁都不通电，电液换向阀 4.1 工作在左位、二位四通电磁换向阀工作在上位。此时插装阀 4.4 控制腔接压力油，因此该插装阀关闭。由于蓄能器工作压力低、且充液需要流量大，液压泵 1 和泵 2 可以同时给系统供油。此时热压机子系统蓄能器充液的油路图如图 5-26 所示，充液油路路线如下。

液压泵 1→单向阀 1.4
　　　　　　　　　　电液换向阀 4.1 左位→单向阀 4.2→蓄能器Ⅰ
液压泵 2→单向阀 1.5

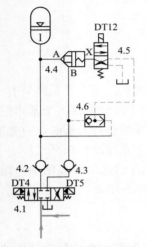
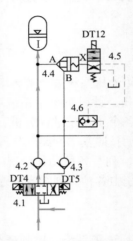
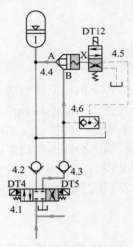

图 5-25　蓄能器充液原理图　　　　图 5-26　方案一油路　　　　图 5-27　方案二油路

　　子系统中电磁铁的动作顺序见表 5-1，其中"+"表示电磁铁通电，"−"表示电磁铁断电。

表 5-1　蓄能器充液方案一的电磁铁动作顺序表

电磁铁或电机　　动作	DT4	DT5	DT12
原始状态	−	−	−
蓄能器充液	+	−	+

　　方案二　图 5-25 的热压机子系统蓄能器充液原理图中电磁铁 DT5 通电，电磁铁 DT4 和 DT12 都不通电。同方案一一样，由于蓄能器工作压力低、且充液流量大，液压泵 1 和泵 2 不卸荷，同时给蓄能器供油。电磁铁 DT5 通电，电液换向阀 4.1 工作在右位。电磁铁 DT12 断电，二位四通电磁换向阀工作在下位，插装阀 4.4 控制腔接回油，插装阀 4.4 在压力油作用下打开。蓄能器充液方案二的油路图如图 5-27 所示，油路路线如下。

液压泵 1→单向阀 1.4
　　　　　　　　　　电液换向阀 4.1 右位→单向阀 4.3→插装阀 4.4→蓄能器Ⅰ
液压泵 2→单向阀 1.5

热压机子系统蓄能器充液方案二中，各个电磁铁的动作顺序见表 5-2。

表 5-2　蓄能器充液方案二的电磁铁动作顺序表

动作 ＼ 电磁铁或电机	DT4	DT5	DT12
原始状态	—	—	—
蓄能器充液	—	+	—

蓄能器充液的动作方案一和方案二比较表明，方案一回路动作更加简单，因此实际应用中应考虑采用方案一。

（2）热压机快升

热压机主液压缸及横梁从下向上动作，由下方对被加工板材施加作用力，完成加压的动作。由于从主液压缸开始向上运动到接触被压制板材之前的空行程较长，为提高工作效率，液压缸及横梁应尽可能快速动作。此时可采用多个液压泵及蓄能器同时供油的方式，实现液压缸快速动作。

如果蓄能器Ⅰ采用充液方案一进行充液，此时电磁铁 DT4 通电，DT5 断电，当蓄能器被充液到高于热压机快升的工作压力后，热压机子系统中电磁铁 DT12 断电、DT13 通电，阀 4.4、阀 4.9 开启，蓄能器Ⅰ内的压力油以及来自液压泵 1 和液压泵 2 的压力油通过阀 4.4 和阀 4.9 同时供给到热压机的主油缸，使热压机快速上升。单向阀 4.2 和单向阀 4.3 的作用是防止油液倒流。热压机快升过程中热压机子系统的油路图如图 5-28 所示，进油和回油路线如下。

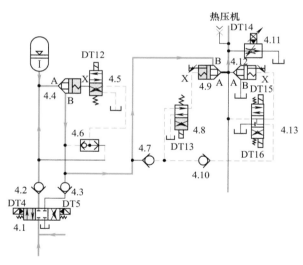

图 5-28　热压机快升油路

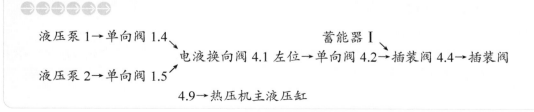

（3）热压机慢升加压

热压机快升过程结束后，热压机闭合，主液压缸压力继续上升，当压力升高到与蓄能器的工作压力平衡时，电磁铁 DT12 通电，插装阀 4.4 关闭，蓄能器不再给热压机主液压缸供油。同时，电磁铁 DT5 和 DT13 通电，这时液压泵 1、泵 2 和泵 3 泵出的压力油一部分同时进入热压机主液压缸，另一部分经调速阀 4.11 回油箱，热压机开始慢速加压的动作过程。

由于液压泵的流量一部分被调速阀 4.11 分流，因此热压机加压的快慢可通过电液比例调速阀 4.11 来调节，此时，调速阀 4.11 起到旁路节流调速的作用。如果调速阀 4.11 开口量越小，流经调速阀的流量越小，回路背压越高，进入热压机的流量越大，热压机上升速度越快。反之，则越慢。热压机慢升加压的油路图如图 5-29 所示，油路路线如下。

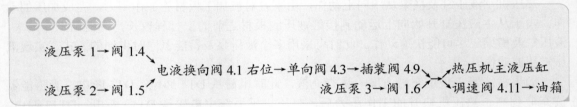

（4）慢升加压、泵 2 卸荷

热压机慢升加压过程中，系统压力很快上升，当压力升高到某一值（例如 9MPa，由热压机具体工作要求确定，不同热压机该压力值不同）时，电磁铁 DT2 受系统压力遥控自动断电，液压泵 2 自动卸荷，液压泵 1 和液压泵 3 使系统压力继续上升。此时油路图如图 5-30 所示，油路路线与液压泵 2 不卸荷时热压机慢升加压油路路线相似，只不过主液压缸不再由液压泵 2 供油，油路路线省略。

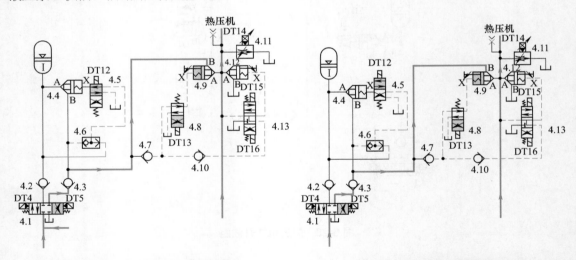

图 5-29　热压机慢升加压油路　　　　图 5-30　慢升加压、泵 2 卸荷油路

（5）保压

在液压泵 1 和液压泵 3 作用下，热压机主液压缸工作压力继续升高，达到保压的工作压力后（26MPa），发出电信号，控制电机 M_2 停转，液压泵 3 停止工作。此时实现保压有两种可能。

一是系统的工作压力达到了液压泵 1 出口插装阀 1.1 中溢流阀的调定压力，液压泵 1 的一部分流量经插装阀 1.1（此时作溢流阀）溢流回油箱，另一部分经调速阀 4.11 回油箱，系统工作压力不再升高，主液压缸处于保压状态。这种保压方式液压泵 1 消耗功率大，造成系统能量的浪费。此时，热压机可实现图 5-2 所示的多段保压热压特性。

二是液压泵 1 不再给热压机主液压缸供油，插装阀 4.4 和 4.9 关闭，如果此时调速阀 4.11 不能完全关闭，主液压缸油液有可能通过调速阀 4.11 泄漏回油箱。于是当热压机工作压力达到保压压力后，液压泵停止给主液压缸供油，主液压缸保压压力会逐渐降低，而不会保持保压压力，当压力低于保压压力的最低限时，液压泵重新供油，主液压缸压力升高。因此，该保压方法使热压机可实现图 5-3 中所示热压特性曲线。

此时如果电磁铁 DT4 通电、DT5 断电，电液换向阀 4.1 使油路切换，电磁铁 DT2 也通电，液压泵 1 和泵 2 的压力油通过管道进入蓄能器，为蓄能器充液，充液结束后发出信号，电机 M_1 也停转。蓄能器的油源供给热压机快升之后，需补充油源，因此利用热压机的保压阶段为蓄能器充液，提高了系统的工作效率。这种保压方式，不会造成系统的能源浪费，而且能够合理地利用工作间歇为蓄能器充液。该保压方式在压力降低阶段的油路图如图 5-31 所示，油路路线省略。

（6）降压（释压）

对于某些热压机工艺，热压机在保压阶段（包括三个阶段），系统压力保持在保压压力一段时间后，先降压、然后再升压到保压压力，保压一段时间，再降压、升压，如此反复，两个或三个阶段，从而使被压制板材得到充分的压制。某一段保压结束后，比例调速阀 4.11 打开，在某一开口下工作，热压机主液压缸经调速阀 4.11 降压，油路图如图 5-32 所示，降压速度由调速阀 4.11 调节。在降压阶段，液压泵 1、泵 2 和泵 3 都停止工作，插装阀 4.4 和 4.9 关闭。

热压机在每个降压阶段所要求的降压速度均不一样，选用一个电液比例调速阀 4.11 来实现多个降压速度要求，回路组成元件数量少，结构简单。热压机在保压阶段结束后、主液压缸快速返回之前，首先需要把主液压缸的高压释掉，然后才能切换到快速返回油路，以免油路中出现冲击和振荡。热压机主液压缸释压也是通过调速阀 4.11 实现的，其工作原理与降压工作原理相同。

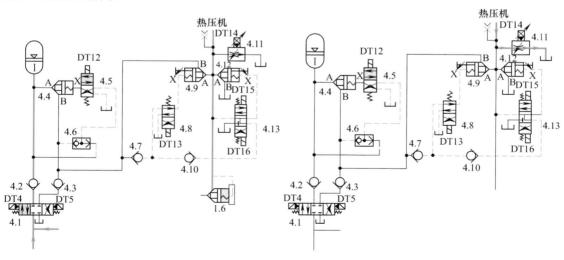

图 5-31　热压机保压油路　　　　　　图 5-32　热压机降压油路

（7）降压后升压

当降压阶段主液压缸压力下降至保压预调压力下限时，发出信号，电机 M_2 起转，电磁铁 DT3 通电，液压泵 3 的压力油经单向阀 1.6 进入热压机主液压缸，使系统压力回升到预调压力上限（保压压力），然后再发出信号，使电机 M_2 停转。升压阶段液压泵 3 提供的液压油一部分进入主液压缸，另一部分经调速阀 4.11 回油箱，因此调速阀 4.11 也能够调节升压速度。热压机降压后升压的油路图如图 5-33 所示，油路路线如下。

液压泵 3→单向阀 1.6→热压机主液压缸
　　　　　　　　　调速阀 4.11→油箱

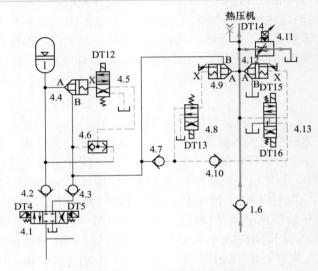

图 5-33　热压机降压后升压油路

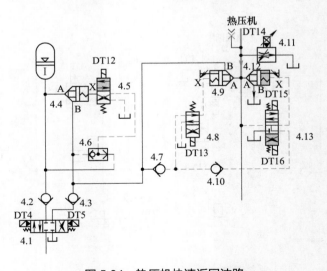

图 5-34　热压机快速返回油路

（8）快速返回

热压机保压过程结束、主液压缸释压后，电磁铁 DT16 通电，插装阀 4.9 的控制口与油箱连接，插装阀开启，热压机主液压缸直接与油箱接通，在主液压缸活塞及压板自重的作用下，热压机快速下降。此时，由于回油路压力低，虽然调速阀 4.11 打开，但没有油液流过。热压机主液压缸快速返回油路图如图 5-34 所示，油路路线如下。

热压机主液压缸→逻辑阀 4.12→油箱

热压机主液压缸在完成整个动作循环过程中，热压机子系统中电磁铁 DT4、DT5、DT12、DT13、DT15、DT16 的通电、断电情况以及比例电磁铁 DT14 是否有油液流过情况见表 5-3，对于比例电磁铁 DT14 "−" 号表示没有油液流过，"+" 表示有油液流过。

表 5-3　热压机动作过程电磁铁动作顺序表

电磁铁 动作	DT4	DT5	DT12	DT13	DT15	DT16	DT14
快升	+	−	−	+	−	−	−
慢升加压	−	+	+	+	−	−	+
保压（蓄能器充液）	+	−	+	−	−	−	−
降压（释压）	−	−	+	−	−	−	+
升压	−	−	+	−	−	−	+
快速返回	−	−	+	−	−	+	−

5.6.2　装板机子系统分析

装板机是热压机的装板装置，它将推板运输机传来的板坯自动地逐层存入具有垫板的吊笼中。装板机子系统由蓄能器供油，控制调节元件主要包括两个插装阀、两个比例调速阀以及一个电磁换向阀，该子系统的基本回路主要是调速回路。装板机在装板过程中要完成的动作主要是上升（装板）、下降（液压缸返回）以及停止。上升和下降动作由升、降两条油路上安装的两个电液比例调速阀 2.4 和 2.5 调节，上升由电磁铁 DT8 通电控制、下降由电磁铁 DT7 通电控制。

（1）上升

当电磁铁 DT8 通电、DT7 断电时，电磁换向阀 2.1 工作在上位，插装阀 2.2 的控制油接油箱，蓄能器经比例调速阀 2.4 和插装阀 2.2 进入装板机液压缸，比例调速阀 2.4 调节蓄能器进入装板机液压缸的流量，从而成比例地调节装板机上升速度。

装板机上升过程的油路图如图 5-35 所示，油路路线如下。

蓄能器 I →调速阀 2.4→插装阀 2.2→装板机液压缸

（2）下降

当电磁铁 DT7 通电、DT8 断电时，电磁换向阀 2.1 工作在下位，插装阀 2.3 的控制油接油箱，装板机液压缸油液经插装阀 2.3 和比例调速阀 2.5 回油箱，比例调速阀 2.5 调节装板

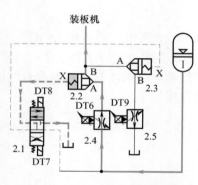

图 5-35　装板机上升过程油路

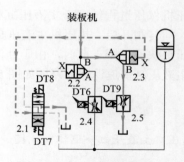

图 5-36　装板机下降过程油路

机液压缸回油箱流量，从而成比例地调节装板机下降速度。

装板机下降过程的油路图如图 5-36 所示，油路路线如下。

装板机液压缸→插装阀 2.3→调速阀 2.5→油箱

（3）停止

当电磁铁 DT8 和 DT7 都断电时，电磁换向阀 2.1 工作在中位，插装阀 2.2 和 2.3 都关闭，装板机液压缸油路封闭，液压缸停止动作。装板机停止工作的油路图和油路路线省略。

装板机动作过程中，该子系统的电磁铁 DT7 和 DT8 的通电和断电情况，见表 5-4。

表 5-4　装板机电磁铁动作顺序表

动作	电磁铁 DT7	DT8
上升	−	+
下降	+	−
停止	−	−

5.6.3　卸板机子系统分析

卸板机是热压机的卸板装置，它将装板机推板器一次卸入卸板机吊笼内的已热压成型未裁边的素板，自动经卸板运输机逐层卸出。卸板机子系统与装板机子系统动作原理相同，均由蓄能器供油，其组成结构比装板机子系统的组成结构更加简单，控制调节元件只有两个插装阀 3.2 和 3.3 以及一个普通的电磁换向阀 3.1，但插装阀 3.3 的阀口开度可调，从而使卸板机的卸板速度可调，因此该子系统包括调速回路和换向回路两个基本回路。卸板机子系统要完成的动作也包括上升、下降和停止。卸板机的上升和下降动作由电磁铁 DT10 和 DT11 的通、断电来控制。

（1）上升

当电磁铁 DT11 通电、DT10 断电时，电磁换向阀 3.1 工作在下位，插装阀 3.2 控制油接油箱，插装阀 3.2 打开，蓄能器油液经插装阀 3.2 进入卸板机液压缸，卸板机上升。卸板机上升过程的油路图如图 5-37 所示，油路路线如下。

蓄能器 I →插装阀 3.2→卸板机液压缸

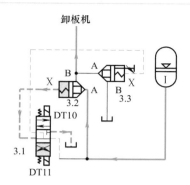

图 5-37　卸板机上升过程油路

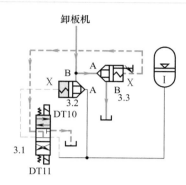

图 5-38　卸板机下降过程油路

（2）下降

　　当电磁铁 DT10 通电、DT11 断电时，电磁换向阀 3.1 工作在上位，插装阀 3.3 控制油接油箱，插装阀 3.3 打开，卸板机液压缸经插装阀 3.3 回油，卸板机下降卸板。卸板机上升速度不可调，下降速度由插装阀 3.3 开口度的大小来调定。

　　卸板机下降过程的油路图如图 5-38 所示，油路路线如下。

　　卸板机液压缸→插装阀 3.3→油箱

（3）停止

　　当电磁铁 DT10 和 DT11 都断电时，电磁换向阀 3.1 工作在中位，插装阀 3.2 和 3.3 都关闭，卸板机液压缸油路被封闭，卸板机不动作。卸板机停止工作的油路图以及油路路线省略。卸板机子系统工作过程中电磁铁 DT10 和 DT11 的动作顺序见表 5-5。

表 5-5　卸板机电磁铁动作顺序表

动作 ＼ 电磁铁	DT10	DT11
上升	−	+
下降	+	−
停止	−	−

5.6.4　推板器子系统分析

　　当热压机完成一个热压周期，处于空载张开位置时，装板机推板器一次将多层带有板坯的垫板送入热压机中。与此同时，垫板将已压好的素板推出热压机，卸入卸板机吊笼各层托架上。因此预压过的板坯被装入热压机时，热压机也把压制好的成品板推出热压机。在推板器往热压机里推进预压板坯的过程中，要求推进速度是变化的、可实时调节的，以防止液压冲击，板坯断裂。推板器的运动过程应满足慢进→快进→慢进→停止的动作要求，后退时动作过程为慢退→快退→慢退→到位停止。推板器的上述动作均由一个电液比例方向阀 6.1 控制，通过电磁铁 DT19 和 DT20 的通电和断电以及比例调节电磁铁 DT19 或 DT20 的控制电流来完成。因此，推板器子系统是一个比例方向控制回路，其原理图见图 5-21。

当电磁铁 DT19 通电、DT20 断电时，比例换向阀 6.1 工作在左位，蓄能器油液经比例换向阀 6.1 左位进入推板器液压缸（未画出）左腔，右腔回油，推板器前进。如果在前进过程中，比例换向阀的开口先关小、后开大、再关小，则推板器实现慢进→快进→慢进的动作，此时油路图如图 5-39 所示，油路路线省略。

当电磁铁 DT20 通电、DT19 断电时，比例换向阀 6.1 工作在右位，蓄能器油液经比例换向阀 6.1 右位进入推板器液压缸（未画出）右腔，左腔回油，推板器后退。在后退过程中，比例换向阀的开口先关小、后开大、再关小，则推板器实现慢退→快退→慢退的动作，此时油路图如图 5-40 所示，油路路线省略。

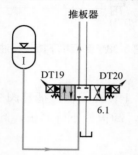

图 5-39　推板器前进过程油路

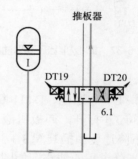

图 5-40　推板器后退过程油路

当电磁铁 DT19 和 DT20 都断电时，比例换向阀 6.1 工作在中位，推板器液压缸（未画出）油路封闭，推板器停止动作，此时油路图见图 5-21。

5.6.5　挡板器子系统分析

推板器退回时在挡板器作用下，板坯被留在热压机内，而垫板在推板器带动下退回原位，为下一次的热压周期做好准备。挡板器子系统的组成结构与推板器子系统相类似，只不过控制挡板器换向的不是比例式换向阀，而是一个普通的电磁换向阀，挡板器子系统原理图如图 5-22 所示，该子系统也同样由蓄能器供油，系统属于一个普通换向回路。

当电磁铁 DT17 通电、DT18 断电时，电磁换向阀 5.1 工作在左位，蓄能器给挡板器液压缸左腔供油、右腔回油，挡板器前进。当电磁铁 DT18 通电、DT17 断电时，电磁换向阀 5.1 工作在右位，蓄能器给挡板器液压缸右腔供油、左腔回油，挡板器后退。当电磁铁 DT17 和 DT18 都断电时，电磁换向阀 5.1 工作在中位，挡板器液压缸油路封闭，挡板器停止动作。油路图、油路路线及电磁铁动作顺序表省略。

5.6.6　同步闭合子系统分析

多层热压机在工作时，热压板依次自下而上逐层闭合，上部热压板比下部热压板闭合延迟，因此会造成下层板坯在非高压下的加热时间比上层板坯的加热时间长，从而导致下层板坯胶料提前固化，影响产品质量。为了保证各层被压板坯的受压时间相等，热压机应装有同步闭合机构。

同步闭合机构可采用机械式和液压式两种，液压式同步闭合子系统原理图如图 5-23 所示，该原理图中省略了同步闭合液压缸，从原理图来看，该液压缸应该是单作用形式，同步闭合子系统要完成的动作主要是活塞上升、下降和停止。子系统由单独的液压泵 4 和蓄能器 Ⅱ 供油，调速阀 7.2 用于调节上升动作速度，顺序阀 7.3 用于增加同步闭合液压缸活塞下落过程中的回油背压，三位三通电磁换向阀 7.4 用于控制液压缸换向，单向阀 7.1 防止油液倒流。该同步闭合子系统包括调速回路、背压回路以及换向回路三个基本回路，在同步闭合液压缸动作前，先由液压泵 4 给蓄能器 Ⅱ 充液，达到充液压力后，电机 M_3 停转，液压泵 4 停止工作。

　　同步闭合子系统工作时，如果电磁铁 DT21 通电，三位三通电磁换向阀 7.4 工作在左位，蓄能器经调速阀 7.2、电磁换向阀 7.4 左位给同步闭合液压缸供油，液压缸向上动作，以平衡热压板的一部分负载，调速阀 7.2 可调节同步闭合液压缸的上升速度。此时子系统动作油路图如图 5-41 所示，油路路线如下。

蓄能器 Ⅱ →调速阀 7.2→三位三通电磁换向阀 7.4 左位→同步闭合液压缸

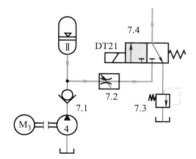

图 5-41　同步闭合子系统上升动作油路

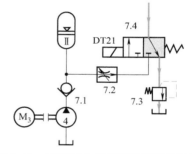

图 5-42　同步闭合子系统下落动作油路

　　如果电磁铁 DT21 断电，三位三通电磁换向阀 7.4 工作在右位，同步闭合液压缸经电磁换向阀 7.4 右位以及背压阀 7.3 回油，液压缸活塞下落，回复到起始位置，背压阀 7.3 用于增加下落过程中的背压。此时子系统动作油路图如图 5-42 所示，油路路线如下。

同步闭合回路液压缸→三位三通电磁换向阀 7.4 右位→背压阀 7.3→油箱

5.6.7　油源子系统分析

　　热压机组液压系统中热压机主液压缸的动作由三个液压泵（泵1、泵2和泵3）提供油液，因此把这三个液压泵及其控制阀划归到油源子系统中。油源子系统原理图见图 5-24，该子系统主要由三个液压泵、三个插装阀式单向阀、三个插装阀式溢流阀组成，单向阀 1.2、1.3 和 1.6 用于防止油液倒流，溢流阀 1.1、1.4 和 1.5 用于调压和使系统卸荷。三个液压泵中液压泵 1 和液压泵 2 由一个电机 M_1 带动，因此这两个液压泵一个为高压小流量泵（假设为液压泵 1）、一个为低压大流量泵（假设为液压泵 2），两个泵形成双泵供油回路，因此油源子系统主要包含了调压回路、双泵供油回路和卸荷回路。

在热压机的不同工作阶段，三个液压泵的工作情况不同，有时其中一个液压泵供油、其他两个卸荷，有时两个液压泵供油、另一个卸荷，还有时三个液压泵同时供油或同时停止工作。

（1）同时供油

如果电机 M_1 和 M_3 都工作，且电磁铁 DT1、DT2 和 DT3 都通电，则插装阀式溢流阀 1.1、1.4 和 1.5 工作在溢流阀状态下，其调定压力由插装阀控制油口的溢流阀调定压力调定，此时三个液压泵同时向系统供油，热压机实现快速动作。其油路图如图 5-43 所示。

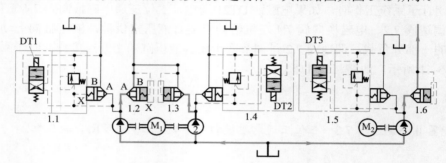

图 5-43　三泵同时供油油路

（2）大泵卸荷

当热压机工作在加压或保压阶段时，工作压力高，所需流量小，此时，电磁铁 DT2 断电，插装阀式溢流阀 1.4 控制口直接接油箱，插装阀 1.4 打开，因此低压大流量液压泵 2 的液压油直接回油箱，不供给系统，实现液压泵 2 的卸荷，其他两个液压泵继续给系统供油。油路图如图 5-44 所示。

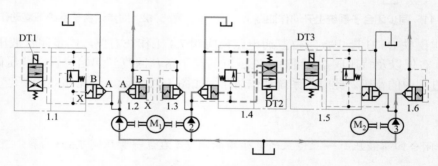

图 5-44　大泵卸荷油路

（3）三泵同时卸荷

当热压机在工作间隙时，如果不希望频繁启动电机、造成电机寿命降低，可通过电磁铁控制所有液压泵卸荷，如果电磁铁 DT1、DT2 和 DT3 同时断电，插装阀 1.1、1.4、1.5 的控制口都接油箱，三个插装阀都打开，此时液压泵 1、2、3 分别通过阀 1.1、1.4、1.5 卸荷。油源子系统在卸荷阶段的原理图如图 5-45 所示。

油源子系统各种供油情况下，电磁铁 DT1、DT2、DT3 以及电机 M_1 和 M_2 的动作顺序见表 5-6。

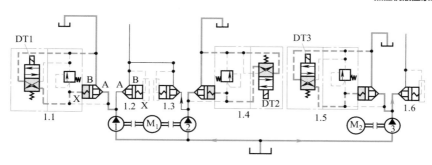

图 5-45　三泵同时卸荷油路

表 5-6　油源子系统电磁铁动作顺序表

电磁铁或电机 供油方式	DT1	DT2	DT3	M_1	M_2
三泵供油	+	+	+	+	+
泵 1 卸荷	−	+	+	+	+
泵 2 卸荷	+	−	+	+	+
泵 3 卸荷	+	+	−	+	+
三泵卸荷	−	−	−	+	+
三泵停止	−	−	−	−	−

5.7　分析各子系统的连接关系

对于由二通插装阀组成的液压系统，不容易判断各子系统之间的连接关系，如果把插装阀转换成普通的液压阀，把二通插装阀组成的热压机组液压系统转化成图 5-14 的由普通阀组成的等效液压系统，则易于分析各个子系统之间的连接关系。

本章所分析的热压机组液压系统有四个油源，其中液压泵 3 只为热压机主液压系统供油，因此不存在相对于液压泵 3 的子系统连接方式。液压泵 1 和 2 以及蓄能器 I 同时为 5 个子系统供油，而液压泵 1 和泵 2 给各个子系统的供油方式与蓄能器给各子系统的供油方式基本相同，因此可以按照其中一个供油方式进行分析。对图 5-14 的热压机液压系统原理图进行简化，只表示出各个子系统操纵阀的油路连接关系，如图 5-46 所示。

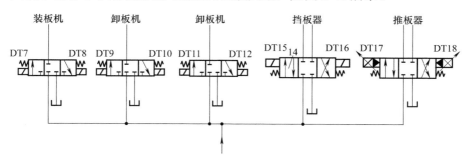

图 5-46　子系统连接关系

图 5-46 表明，液压泵 1 和泵 2 总的供油经过电液换向阀 4 的左位，然后分别连接到装板机、卸板机、挡板器、推板器以及热压机 5 个子系统的进油，5 个子系统的回油分别与油

箱连通，各个子系统进油和回油都不需要经过其他子系统的控制阀，因此各个子系统之间的连接关系为并联连接方式。

对于并联连接方式，如果同时给各个子系统供油，在各个子系统负载相同时，则各个子系统可以同时动作。当各个子系统负载不相同时，则负载最小的子系统先动作，然后其他子系统才能动作。对于热压机组液压系统的各个子系统，其动作要求是热压机子系统工作时，其他子系统不能动作，这一互锁要求没有通过油路的连接关系来实现，因此必须要在电磁铁的控制电路上加以实现。而装板机、卸板机、挡板器以及推板器子系统的动作之间也不仅要实现互锁，有可能还要实现顺序动作，这些要求也需要通过各个电磁铁的控制电路加以实现。

5.8 总结整个系统特点及分析技巧

通过前面热压机组液压系统各子系统动作原理的分析和子系统连接关系的分析，对该热压机组液压系统特点和分析该类液压系统时能够采用的技巧进行总结。

5.8.1 系统特点

通过前面对热压机组液压系统动作要求的了解、各子系统工作原理的分析和子系统连接关系的分析，可对该热压机组液压系统的特点总结如下。

❶ 蓄能器提供低压油源，满足热压机快速上升时所需要的流量。该方法与多个大流量液压泵供油的方式相比，可减少装机容量，节约能源，降低成本，便于维护保养。

❷ 插装阀和普通阀并用，来控制各个子系统执行元件的动作。插装阀能够实现大流量的控制，对于热压机、装板机等子系统需要大流量的场合，采用插装阀，提高抗污染能力；对于挡板器子系统，流量小，因此采用普通的换向阀即可，这样可减少故障点，降低成本。

❸ 采用比例控制元件，控制精度高，抗污染能力强。在推板器的液压回路上，采用比例方向阀实现推板器的换向及进给和退出过程中的速度变化，比例方向阀同时具有比例调速和换向功能，因此大大简化了油路结构，而且避免了油路频繁切换造成的冲击。在装板机的液压回路上采用比例调速阀，以满足装板机上升、下降变换速度的要求，这不但可提高使用的可靠性，而且可减少连接管路。

❹ 选用一个比例调速阀实现多个降压速度，以往热压机在三段降压的压制过程中多选用四个节流阀或调速阀的降压回路，在此油路中只采用一个比例调速阀即可实现多个降压速度，因此回路简单，控制方便。

❺ 采用梭阀以适应高低压区的频繁变化，确保蓄能器供油的安全可靠。

❻ 不仅是人造板热压机，热加工和压力加工机械液压系统的动作过程都应该包括：快速接近被压制工件、减速加压、保压、释压以及快速返回的过程，液压系统的设计应满足压力加工机械这一动作要求。

❼ 该热压机组液压系统在实现同一个基本回路的功能时，采用了多种不同的实现方式，例如同时采用了普通电磁换向阀、比例换向阀以及插装阀三种方式实现换向回路，采用阀口可调的插装阀、普通调速阀、比例方向阀以及比例调速阀三种方式构成调速回路。

5.8.2 分析技巧

在分析采用插装阀和比例阀实现的热压机组液压系统过程中，可总结出如下分析技巧。

❶ 复杂的液压系统原理图，应首先进行油路整理和简化。

❷ 采用插装阀实现的液压系统，如果首先把插装阀转换成普通的液压阀，则能够使被分析系统原理图简化，便于划分子系统；利用由普通液压阀组成的液压系统原理图划分子系统后，在分析各个子系统的动作原理时，需要把由普通阀组成的液压系统再还原成原来由插装阀组成的液压系统。

❸ 由插装阀组成的液压系统，在分析各个子系统的连接关系时，如果利用普通液压阀原理图进行分析，则各个子系统连接关系更加清晰，分析容易。

❹ 由比例阀组成的液压系统，其分析方法等同于由电磁阀组成的液压系统。比例阀是由比例电磁铁控制的液压阀，比例电磁铁动作原理与普通电磁铁基本相同，只不过输入信号是成比例变化的电流信号，比例电磁铁的输出力与控制电流成比例。

模块六

炮塔液压系统原理图分析

动画演示

液压系统尤其是高精度的液压伺服控制系统由于具有响应速度快、控制精度高、输出力大而且工作可靠等优点，因此被广泛应用于国防和武器装备中，例如飞机、坦克、舰艇、雷达、火炮、导弹和火箭等，以满足国防和武器装备对跟踪和瞄准目标以及驱动武器装备等动作的高精度和快速响应要求。本章将以一个炮塔液压系统原理图为例，介绍阀控缸和阀控马达液压控制系统的工作原理及分析方法，并给出该类液压系统的工作特点和分析技巧。

6.1 炮塔概述

炮塔是坦克和战机等军事武器装备上用来安装和操控雷达天线、火炮、导弹或机枪等武器的装置，最早的坦克炮塔是靠齿轮传动来转动的，第二次世界大战中已经有坦克炮塔开始使用电传动（优点是速度更快），也有的炮塔是固定的、靠履带来改变车辆方向瞄准（如最小的蝎式坦克），现在液压系统也在坦克炮塔的控制中得到了广泛应用。坦克或战机炮塔转动的动力有外力（电力或液压）和人力两种，通常炮塔下有一个大齿轮圈，平时使用时通过电或液压传动使其转动；当电或液压传动设备无法使用时，可由人力通过摇动方向手柄的方法使其转动。如果松开方向手柄的锁紧装置，还可由人力推动炮塔快速转动。某战机炮塔总成如图 6-1 所示。

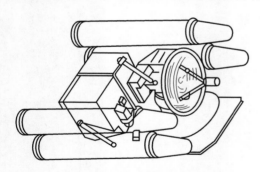

图 6-1 战机炮塔总成图

炮塔的驱动动力一般使用车上的 24V 供电系统，供电系统一般由发动机驱动的发电机和一组电瓶组成。供电系统需要通过炮塔底圈向炮塔内供电，在炮塔驱动系统内供电系统驱动一个电动机，该电动机又驱动一个液压泵。这样，电能就转变为液压能，在某种程度上液压能还能够储存在蓄能器中。有时，也可以将炮塔驱动装置置于车内，由一个被主发动机直接驱动的液压泵提供动力，这种取消了电动机的布置虽然具有效率高、重量轻的特点，但是炮塔的维护和更新困难，也不易于安装手动装置。

为了提高炮塔操瞄的精度和快速性，炮塔液压系统多采用伺服阀控制的电液控制系统，采用伺服阀的电液控制系统可根据雷达指挥仪的目标测量参数，自动拖动炮塔完成方位和高低的瞄准运动，使发射装置随时跟踪飞行目标。

炮塔的电液控制系统通常由液压源、方位控制液压回路和高低瞄准液压回路组成，在方位液压控制系统的控制下，炮塔能够360°旋转，从而在水平方向上快速对准目标；在高低瞄准液压控制系统的控制下，炮塔能够实现俯仰的动作，从而在垂直方向上进一步瞄准目标发射。目前炮塔的方位液压控制系统和高低瞄准液压控制系统多采用电液伺服控制，通过两个电液伺服阀接收雷达指挥仪传来的经过逐级放大的指令信号，实现对两个液压执行器（高低液压缸和方位液压马达）的运动方向和速度的控制。某型号炮塔电液控制系统布置图如图6-2所示。

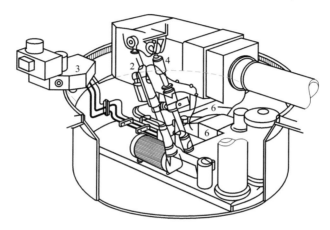

图 6-2　电液控制系统安装位置图

6.2　了解液压系统的工作任务和动作要求

炮塔液压驱动装置必须能使炮长调炮、跟踪目标和精确瞄准目标，通常，一方面调炮需要高速驱动，另一方面又要求以较低的稳定速度进行跟踪和精确瞄准，因此必须采用液压伺服控制系统进行驱动和控制，普通的液压传动系统不能够满足要求。炮塔的旋转速度和控制精度是一对矛盾，旋转速度快，则精度控制难。火力反应速度快要求炮塔和火炮高低机的快速动作，而要想做到又快又准，就需要采用先进的液压控制方式和合适的控制算法。

炮塔等武器装备要求动作可靠、精度高，因此对液压系统的工作条件要求严格，例如油液要保证很高的清洁度、系统的工作温度要始终保持在合适的范围等，液压控制系统也必须采取相应的冷却和过滤等措施。

炮塔要实现跟踪和瞄准目标就要求液压系统能够在水平和垂直两个方向调整炮塔的位置，因此要求液压系统是一个随动系统，具备跟踪的能力，而不要求液压系统完成一个完整的动作循环。

6.3　初步分析

初步分析炮塔液压系统原理图，首先粗略浏览整个液压系统原理图，明确液压系统的组成元件及功能，然后对液压系统原理图中所有元件进行重新编号。

6.3.1 确定系统的组成元件及功能

炮塔电液控制系统的原理图如图 6-3 所示，粗略浏览整个液压系统，按照先分析能源元件和执行元件，后分析控制调节元件和辅助元件的原则，对炮塔电液控制系统的组成元件进行分析。

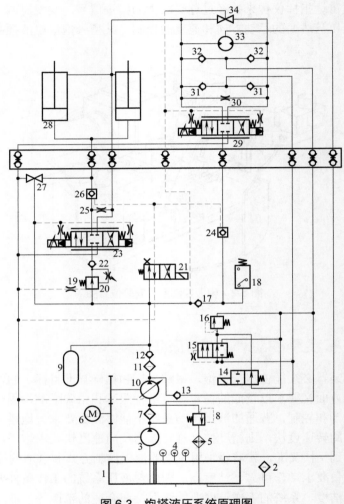

图 6-3　炮塔液压系统原理图

（1）能源元件

1 个变量液压泵 10，主液压泵，为整个液压控制系统提供流量可变的油液；

1 个定量液压泵 3，作主液压泵的前置泵和辅助泵，为主液压泵供油，从而使主液压泵吸油更加可靠，同时起补油作用。

（2）执行元件

2 个单杆活塞液压缸 28，实现炮塔的俯仰动作；

1 个双向定量液压马达 33，实现炮塔的旋转动作。

（3）控制调节元件

2 个电液伺服阀 23、29，分别控制炮塔高低液压系统和炮塔方位液压系统的动作，图 6-3 中电液伺服阀的图形符号表明该伺服阀是两级伺服阀，先导级是电控阀，主阀是液控阀。从图形符号上无法判断伺服阀的具体结构，根据经验，先导级有可能是喷嘴挡板或射流管阀，主阀是滑阀。

1 个减压阀 20，使该减压阀后面的油路得到比主油路低的工作压力。

3 个两位换向阀 14、15、21，控制油路的不同连接方式。

2 个液控单向阀 24、26，起到平衡和锁紧作用。

若干个单向阀，防止油液倒流。

若干固定节流口，防止液压冲击和振荡。

溢流阀 8，调节前置液压泵 3 的工作压力。

溢流阀 16，起到调压和旁通溢流的作用。

（4）辅助元件

1 个蓄能器 9，用于储存油液和作辅助油源；

3 个滤油器 2、7、11，起过滤油液的作用；

1 个冷却器 5，冷却油液；

1 个压力继电器 18，控制电磁铁的通断；

若干个压力表 4，检测系统不同位置的压力。

6.3.2　特殊元件分析

图 6-3 的炮塔液压系统中除了包含上述常用的组成元件外，还有两个控制阀，阀 27 和阀 34，这两个阀的图形符号是非标准的图形符号，由于图形符号相同，因此这两个阀的作用相同，从图形符号可以推断该阀属截止阀，但这两个阀不是常规的截止阀，其工作原理和功能可能是不熟悉的，因此首先应查找相关资料，了解该阀的功能及动作原理。如果找不到相关资料，可根据该阀的图形符号推断该阀的工作原理及用途。常规的手动式截止阀图形符号如图 6-4（a）所示，图 6-3 中阀 27 和阀 34 的图形符号如图 6-4（b）所示，该阀在常规手动式截止阀的图形符号上增加了控制油符号。因此从图形符号上可以判断，这两个阀仍然属于截止阀，但其开关动作由控制油的压力控制。当该阀的控制油路接压力油时，阀关闭；而当控制油路压力消失后，阀打开。

（a）　　　　　　　　　　　（b）

图 6-4　截止阀图形符号

6.3.3　重新编号

由于图 6-3 的炮塔液压系统原理图中已对所有元件进行编号，因此可以在对系统原理图进行简化和整理之前省略对元件进行重新编号这一步骤，先对液压原理图进行整理和简化，然后再对整个液压系统的组成元件进行重新编号。

6.4　简化油路

图 6-3 炮塔液压系统油路的连接关系复杂、分支多，应先对原系统进行适当的整理和简

化，或以便于阅读的方式重新绘制系统原理图，例如缩短油路连线或去掉某些辅助元件和在分析系统工作原理时影响不大的元件，然后再对系统进行子系统的划分。

6.4.1 缩短油路连线

图 6-3 的炮塔液压系统原理图中可去掉或缩短某些油路连线，从而使油路简化，易于阅读。例如去掉液压泵 10 和液压马达 33 的泄漏油连线，并不影响系统工作原理的分析；缩短电液伺服阀的回油连线，采用就近回油的方式，能够减少连线的交叉，使原理图更易于阅读。图6-3炮塔液压系统原理图中能够简化或缩短的油路用"×"号进行标记，如图6-5所示。

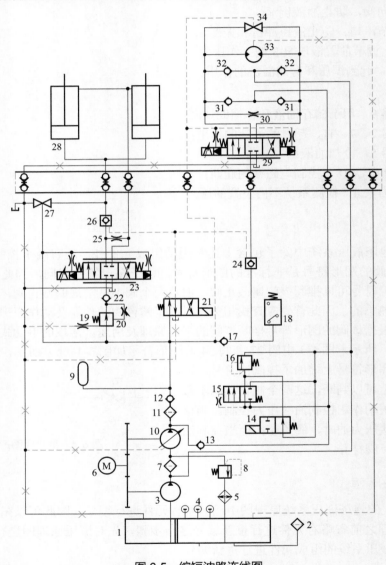

图 6-5　缩短油路连线图

6.4.2 去掉某些元件

在对图 6-3 炮塔液压系统工作原理进行分析时，图中两个滤油器 7 和 11 以及压力表 4

等元件对原理图的分析影响不大，因此可以去掉滤油器元件和压力表元件。图 6-3 中蓄能器虽然是辅助元件，但在系统中起到辅助油源的作用，因此不应省略。压力继电器的作用是利用油路中压力的变化来控制换向阀电磁铁的动作，从而控制油路的通断或换向，因此压力继电器与液压系统的动作密切相关，在原理图中不应省略。图 6-3 中转换接头的作用是在炮塔旋转过程中使上、下油路始终保持正确的连接，因此可去掉该元件，把炮塔的上、下油路直接连接即可。炮塔液压系统原理图中用涂黑的图形符号表示在原理图中可以省略的液压元件，如图 6-6 所示。

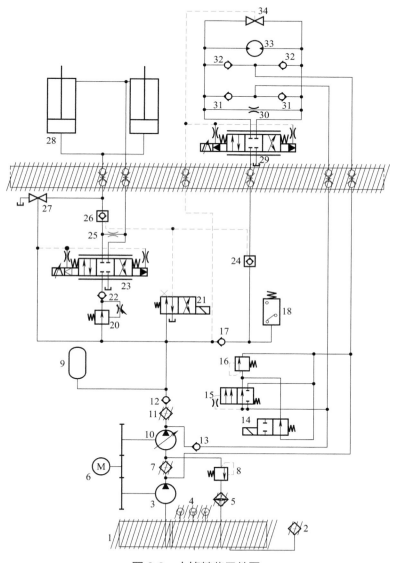

图 6-6　去掉某些元件图

6.4.3　重新绘制油路

　　根据图 6-5 和图 6-6 中炮塔液压系统的简化方法，重新绘制炮塔液压系统的原理图如图 6-7 所示。

6.4.4 给元件重新编号

对图 6-3 炮塔液压系统原理图进行简化和整理后，由于省略了某些元件，因此需要对图 6-7 中简化后的原理图进行重新编号，把为油源或为同一个执行机构服务的所有元件用数字或字母编上相关的符号，例如采用数字编号的简化后炮塔液压系统原理图如图 6-8 所示。

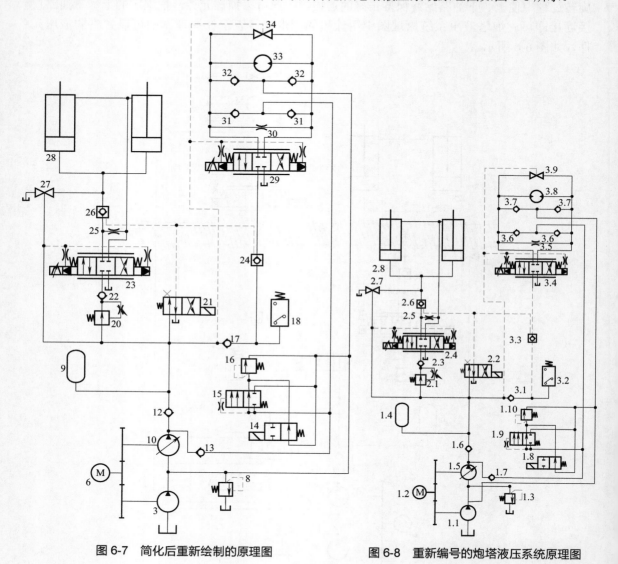

图 6-7　简化后重新绘制的原理图　　　　图 6-8　重新编号的炮塔液压系统原理图

6.5　划分子系统

图 6-8 重新编号的炮塔液压系统原理图结构简单、易于阅读，子系统的划分更加容易。图 6-8 中炮塔液压系统原理图包括两个执行元件，因此可以按照执行元件个数进行子系统的划分。

6.5.1　子系统划分及编号

图 6-8 中炮塔液压系统按照执行元件的个数可以被划分为 2 个子系统，但由于油源结构及组成比较复杂，同时考虑到旁通阀组对液压油源的作用以及该系统子系统数量少等因素，把油源单独划分为 1 个子系统，然后对其供油原理进行单独分析。因此，炮塔液压系统可以被划分为 3 个子系统进行分析。

在等效炮塔液压系统原理图上用点划线框划分把三个子系统区分开，然后对各个子系统进行编号或命名，可以用数字方式进行编号，也可以根据各个子系统的用途用中文或英文字母进行命名，例如各个子系统可以编号为子系统 1、子系统 2 和子系统 3，也可以命名为油源（供油）子系统、方位子系统以及高低子系统，如图 6-9 所示。

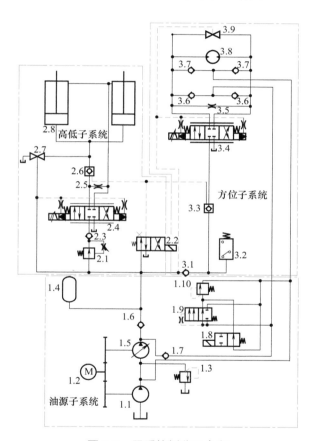

图 6-9　子系统划分及命名

6.5.2　绘制子系统原理图

在对炮塔液压系统各个子系统进行分析之前，应首先绘制出各个子系统的液压系统原理图，然后再对各个子系统进行工作原理分析。炮塔液压系统的油源子系统、高低子系统以及方位子系统原理图分别如图 6-10 ～图 6-12 所示。

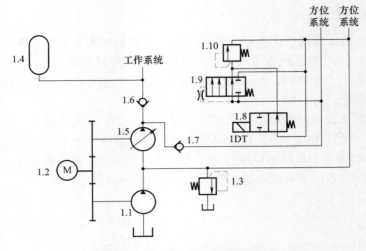

图 6-10　油源子系统原理图

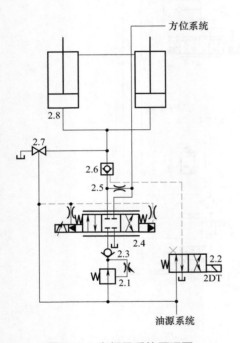

图 6-11　高低子系统原理图

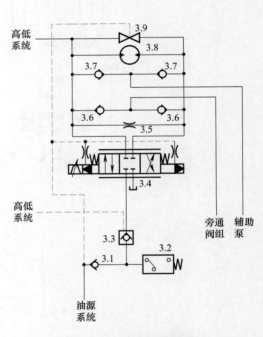

图 6-12　方位子系统原理图

6.6　分析各子系统

　　在子系统分析过程中，首先确定图 6-10 ～图 6-12 中各个子系统的组成结构，并把子系统归结为一个或多个基本回路，然后根据基本回路的特点及工作原理对各个子系统进行分析。首先根据各个子系统要完成的动作过程或要实现的功能，列写各种动作情况下执行元件的进油和回油路线，然后再填写不同工作情况下该液压子系统中电磁铁的动作顺序表。

6.6.1 油源子系统分析

油源子系统是方位和高低子系统的动力源，该系统原理图见图6-10。图6-10的油源子系统由前置液压泵1.1、主液压泵1.5、单向阀1.6和1.7、电磁开关阀1.8、二位四通换向阀1.9、溢流阀1.3和1.10以及蓄能器1.4组成。其中为工作系统提供油液的主要是主液压泵，此外在主泵无法工作或主泵供油不足时，蓄能器也可以作为补充，为系统提供必要的油液，前置泵的作用是使主泵能够更好地吸油，同时也可起到为方位子系统补油的作用。油源子系统主要包含调压回路和卸荷回路两个基本回路。

该系统能实现的功能包括主液压泵空载启动、主液压泵单独供油、蓄能器充液、蓄能器和主泵同时供油、主泵卸荷、主泵溢流以及前置泵补油。

（1）主泵空载启动

在启动主液压泵时应确保主液压泵在空载情况下运行，以保证运行的安全。主泵的空载启动主要是通过旁通阀组来实现的，当电磁铁1DT断电时，开关阀1.8处于打开状态，主泵的出油经二位四通换向阀1.9右位、开关阀1.8右位进入辅助油路，与前置泵1.1的出油一起进入主液压泵的进油路。主泵空载启动时的油路图如图6-13所示，油路路线可表示为：

前置泵1.1出油→主液压泵1.5出油→二位四通换向阀1.9右位→开关阀1.8右位——

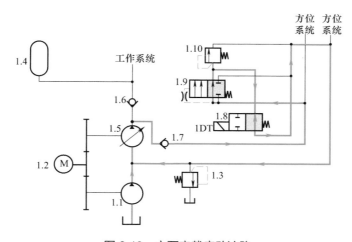

图6-13　主泵空载启动油路

如果没有炮塔工作原理的说明，根据供油子系统的原理图，主泵空载启动的油路也能够实现在炮塔工作间歇时使主泵卸荷的功能，从而使回路节能、发热少。

（2）主泵单独供油

当主泵空载启动后，转速逐渐升高，达到额定转速后，主泵完成空载启动阶段，主泵泄油油路断开，主泵不再卸荷，而是给蓄能器充液或供给工作系统油液。此时，电磁铁1DT通电，电磁开关阀1.8处于关闭位置，油路图如图6-14所示，油路路线省略。至于电磁铁1DT的通电是由哪个元件控制的，如何控制的，在液压系统原理图中无法表示。根据经验，电磁铁 1DT 可由电机的转速进行控制，当电机启动、转速达到额定转速后，通过转速传感器控制电路开关，使电磁铁 1DT 通电。

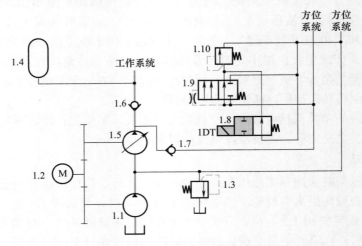

图 6-14　主泵单独供油油路

（3）蓄能器充液

当蓄能器中油液被释放到系统中为系统提供油液后，蓄能器中压力降低，需要液压油源再次为蓄能器充液后，蓄能器才能使用。主液压泵为蓄能器充液的油路图如图 6-15 所示，油路路线省略。

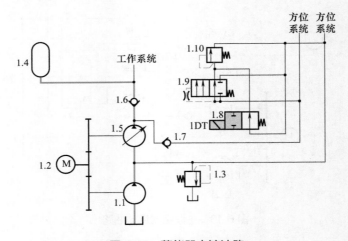

图 6-15　蓄能器充液油路

（4）主泵大流量泄油

在方位或高低工作系统工作过程中，由于某种原因，如果主泵的工作压力高于系统允许的最大工作压力，此时系统的工作压力有可能会达到溢流阀 1.10 的调定压力，也有可能会达到二位四通换向阀弹簧的预紧力，因此溢流阀 1.10 有可能会打开，二位四通换向阀 1.9 也有可能会换向到左位。如果二位四通换向阀 1.9 弹簧的预紧力与溢流阀 1.10 的调定压力相等或溢流阀 1.10 的调定压力远大于二位四通换向阀 1.9 弹簧预紧力，当系统压力超过溢流阀

1.10 调定压力时，则溢流阀 1.10 和二位四通换向阀 1.9 会同时动作，此时主液压泵会通过两条油路同时泄油，系统压力迅速降低。油路图如图 6-16 所示。

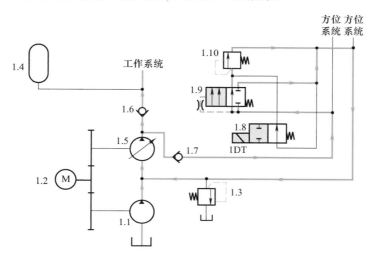

图 6-16　主泵大流量泄油油路

（5）主泵小流量泄油

　　如果二位四通换向阀 1.9 弹簧的预紧力与溢流阀 1.10 的调定压力不相等，且系统压力介于二者作用力之间时，则溢流阀 1.10 和二位四通换向阀 1.9 有可能会不同时动作，此时主液压泵只能通过两条油路中的一条油路泄油，系统压力逐渐降低。

　　如果二位四通换向阀 1.9 弹簧的预紧力小于溢流阀 1.10 的调定压力，当系统工作压力大于二位四通换向阀 1.9 弹簧的预紧力而小于溢流阀 1.10 的调定压力时，二位四通换向阀 1.9 换向，溢流阀 1.10 不开启，此时主泵经过二位四通换向阀 1.9 左位泄油，油路图如图 6-17 所示。

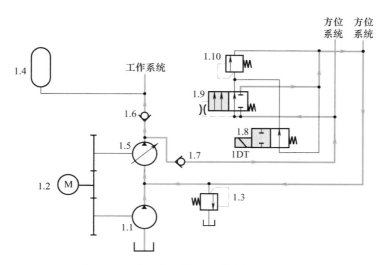

图 6-17　主泵经二位四通换向阀泄油油路

145

如果二位四通换向阀 1.9 弹簧的预紧力大于溢流阀 1.10 的调定压力，当系统工作压力小于二位四通换向阀 1.9 弹簧的预紧力而大于溢流阀 1.10 的调定压力时，二位四通换向阀 1.9 不换向，而只有溢流阀 1.10 开启，此时主泵溢流阀 1.10 泄油，油路图如图 6-18 所示。

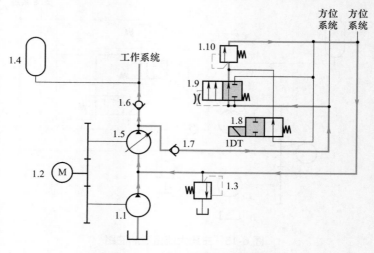

图 6-18　主泵经溢流阀泄油油路

上述分析表明，如果要使主泵在泄油时始终由两条油路快速泄油，则二位四通换向阀弹簧的预紧力应该尽可能接近溢流阀弹簧的预紧力，或者二位四通换向阀阀芯和溢流阀阀芯由同一个弹簧作用，以确保二位四通换向阀和溢流阀同时动作。原理图上无法给出旁通阀组的具体结构，而只有对旁通阀组的具体结构有所了解后，才能对这一动作过程了解得更加清楚。

（6）前置泵补油

前置泵除了为主液压泵供油外，还可以为方位子系统补充油液。方位子系统的液压马达在转动过程中，如果主泵的供油量无法满足液压马达快速动作的需要时，前置泵可以通过方位子系统中补油选择单向阀的作用把液压油补充到低压一侧，此时油路图如图 6-19 所示。

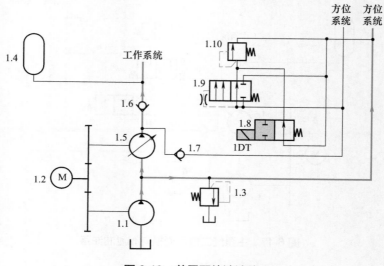

图 6-19　前置泵补油油路

6.6.2 高低子系统分析

高低子系统是实现炮塔垂直方向定位的系统，该系统原理图见图6-11。图6-11中高低子系统由两个并联的液压缸2.8、电液伺服阀2.4、液控单向阀2.6、减压阀2.1、二位四通电磁换向阀2.2以及截止阀2.7组成。其中电液伺服阀2.4接收雷达指挥仪传来的经过逐级放大的指令信号，通过控制算法，控制两个并联液压缸2.8的工作位置，两缸2.8与炮塔发射装置铰接，两缸的动作可推拉炮塔发射装置上下运动，从而完成俯仰瞄准。由于该子系统中设置了减压阀2.1，因此该子系统液压缸的工作压力应小于方位子系统液压马达的工作压力。单向阀2.3的作用是防止油液倒流。高低子系统的供油主要来自于主液压泵1.5，在工作压力低时，要实现快速动作，也可能由主液压泵1.5和蓄能器1.4同时供油，以满足大流量的需要。图6-11中阻尼孔2.5相当于是液压缸2.8两腔之间的泄漏阻尼，这一阻尼孔的存在使液压缸2.8两腔之间泄漏量增大，从而使液压缸2.8的动态刚度降低，稳定性得到提高。高低子系统主要由平衡回路和减压回路两个基本回路组成。

由于高低子系统要实现炮塔在垂直方向上的定位，因此该子系统是位置控制系统，电液伺服阀接收的指令信号为误差信号，当误差信号为正时，相当于电液伺服阀工作在左位；当误差信号为负时，相当于电液伺服阀工作在右位；当误差为零时，伺服阀回到中位。误差信号越大，伺服阀开口度越大，经过伺服阀的流量越大。

高低子系统能实现的动作包括炮塔上仰、炮塔下俯以及炮塔垂直方向锁紧，分别分析各动作的工作原理，列写进油和回油路线。

（1）炮塔上仰

主液压泵启动后，当电液伺服阀2.4输入的信号为正误差信号时，相当于图6-11高低子系统原理图中电液伺服阀2.4工作在左位，此时主液压泵的来油经减压阀减压后，经电液伺服阀2.4左位，液控单向阀2.6进入到液压缸2.8下腔，此时液控单向阀2.6允许油液直接通过，液压缸上腔油液经电液伺服阀2.4左位回油，液压缸活塞向上移动，实现炮塔的上仰或上移。炮塔上仰时高低子系统的油路图如图6-20所示，进油和回油路线如下。

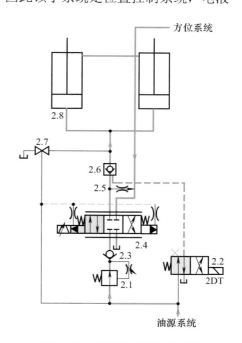

图6-20　高低子系统上仰油路

进油路：主液压泵来油→减压阀2.1→单向阀2.3→电液伺服阀2.4左位→液控单向阀2.6→液压缸2.8无杆腔

回油路：液压缸2.8有杆腔→电液伺服阀2.4左位→油箱

液压缸的活塞杆推动炮塔上的发射装置向上运动，从而完成仰视瞄准。

（2）炮塔下俯

当电液伺服阀 2.4 输入的信号为负误差信号时，相当于图 6-11 的高低子系统原理图中电液伺服阀 2.4 工作在右位，此时主液压泵的来油经减压阀减压后，经电液伺服阀 2.4 右位进入到液压缸 2.8 上腔，液压缸 2.8 下腔油液需经过液控单向阀 2.6，在经过电液伺服阀 2.4 右位回油，此时液控单向阀 2.6 不允许油液直接通过，只有当液控单向阀 2.6 的控制油压力达到液控单向阀的开启压力时，液控单向阀才能打开，液压缸 2.8 活塞才能够实现向下移动，否则液压缸 2.8 不动作。可见液控单向阀 2.6 起到了防止液压缸 2.8 由于自重而超速下落的作用，即起到了平衡作用。如果要使液控单向阀 2.6 的控制油接压力油，则电磁换向阀 2.2 要工作在右位，因此电磁铁 2DT 通电。电磁铁 2DT 的通电，可以通过压力继电器 3.2（参见图 6-9）的动作来实现。当液压缸 2.8 活塞向下移动时，如果液控单向阀 2.6 关闭，则液压缸 2.8 上腔憋油，供油压力会升高，达到压力继电器 3.2（参见图 6-9）的调定压力后，压力继电器 3.2 控制电磁铁 2DT 通电，从而实现电磁换向阀 2.2 的换向。炮塔下俯时高低子系统的油路图如图 6-21 所示，进油和回油路线如下。

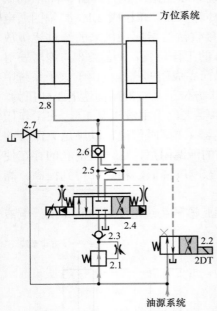

图 6-21　高低子系统下俯油路

进油路：主液压泵 1.5 供油→减压阀 2.1→单向阀 2.3→电液伺服阀 2.4 右位→液压缸 2.8 有杆腔

回油路：液压缸 2.8 无杆腔→液控单向阀 2.6→电液伺服阀 2.4 右位→油箱

控制油路：主液压泵 1.5 供油→电磁换向阀 2.2 右位→液控单向阀 2.6

此时液压缸 2.8 活塞杆拉动发射装置向下运动，从而完成俯视瞄准。

（3）高低锁紧

当电液伺服阀 2.4 的输入误差信号为零时，相当于电液伺服阀工作在中位，此时高低液压缸 2.8 两腔封闭，电磁铁 2DT 断电，电磁换向阀 2.2 回复到左位，液控单向阀 2.6 的控制压力消失，液控单向阀 2.6 起到垂直方向锁紧的作用，能够防止高低液压缸由于自重而下落。此时高低子系统油路图如图 6-22 所示。

（4）手动操纵下落

当电磁铁 2DT 断电后，液控单向阀 2.6 的控制压力消失后，液控单向阀 2.6 锁紧，此时如果系统的控制压力也消失，则截止阀 2.7 打开，于是可以通过手动操纵的方法使高低液压缸 2.8 落回到起始位置。此时，液压缸 2.8 下腔经过截止阀 2.7 回油，上腔油液由前置泵 1.1 经方位子系统的单向阀供给，此时液压缸 2.8 活塞杆能够使发射装置回降到底部位置。手动下落时高低子系统的油路图如图 6-23 所示，进油路和回油路路线如下。

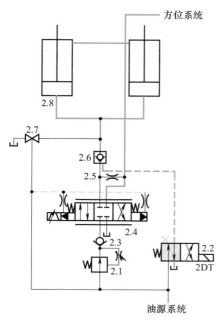

图 6-22　高低子系统锁紧油路

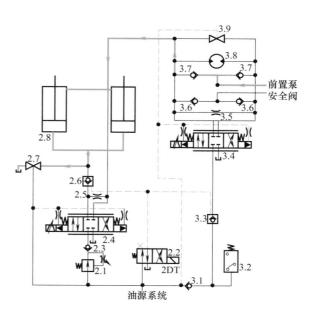

图 6-23　高低子系统手动操纵下落油路

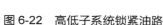

进油路：辅助泵 1.1→方位子系统补油单向阀 3.7→液压缸 2.8 有杆腔

回油路：液压缸 2.8 无杆腔→截止阀 2.7→油箱

6.6.3　方位子系统分析

　　方位子系统的功能是由电液伺服阀接收经过逐级放大了的雷达指挥仪信号，根据信号的大小和正负控制液压马达的转速和转向，以拖动炮塔跟踪目标。该子系统和高低子系统一样也是一个位置控制系统，只不过控制变量是马达转动的角位移。方位子系统原理图见图 6-12 所示，该子系统由液压马达 3.8、电液伺服阀 3.4、单向阀 3.6 和 3.7 以及与液控单向阀 3.3 组成。其中单向阀 3.6 与旁通阀组形成双向安全阀，单向阀 3.7 为补油阀，与辅助泵连接，阻尼孔 3.5 的作用也是增加液压马达 3.8 两腔的泄漏量，从而使液压马达 3.8 的动态刚度减小。液控单向阀 3.3 控制方位子系统的工作和停止，只有当液控单向阀的控制油口接压力油时，方位子系统才能动作，即当高低子系统下落时，方位子系统才能进行炮塔水平方位的调节，实现高低子系统和方位子系统动作的互不干扰，这是由飞机炮塔的特殊工作环境所决定的，坦克炮塔通常没有这一要求。

　　电液伺服阀 3.4 接收的指令信号也是误差信号，假设误差信号为正时，相当于电液伺服阀工作在左位；当误差信号为负时，相当于电液伺服阀工作在右位；当误差为零时，伺服阀回到中位。误差信号越大，伺服阀开口度越大，经过伺服阀的流量越大。

　　方位子系统要完成的动作包括炮塔左转、炮塔右转、手动以及锁紧，此外在炮塔左转或右转过程中还有可能伴随着前置泵给方位子系统的补油过程以及经过旁通阀组溢流阀的溢流和安全保护。分别对各个动作过程进行工作原理分析，列写各个动作过程进油和回油路线。

（1）炮塔右转

主液压泵启动后，当液控单向阀 3.3 控制油口接压力油时，液控单向阀反向导通，如果电液伺服阀 3.4 输入信号为正误差信号，相当于图 6-12 方位子系统原理图中电液伺服阀 3.4 工作在左位，此时主液压泵的来油经单向阀 3.1，再经液控单向阀 3.3 以及电液伺服阀 3.4 左位，进入到液压马达 3.8 左腔，液压马达 3.8 右腔油液经电液伺服阀 3.4 左位回油，液压马达 3.8 右转，使炮塔在水平方向上瞄准目标。炮塔右转时方位子系统的油路图如图 6-24 所示，进油和回油路线如下。

　　进油路：供油系统主液压泵→单向阀 3.1→液控单向阀 3.3→电液伺服阀 3.4 左位→液压马达 3.8 左腔

　　回油路：液压马达 3.8 右腔→电液伺服阀 3.4 左位→油箱

　　泄漏油路：供油系统主液压泵→单向阀 3.1→液控单向阀 3.3→电液伺服阀 3.4 左位→固定节流孔 3.5→电液伺服阀 3.4 左位→油箱

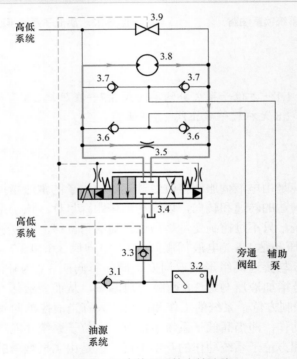

图 6-24　方位子系统右转油路

（2）炮塔左转

主液压泵启动后，当液控单向阀 3.3 控制油口接压力油时，液控单向阀反向导通，如果电液伺服阀 3.4 输入信号为负误差信号，相当于图 6-12 的方位子系统原理图中电液伺服阀 3.4 工作在右位，此时主液压泵的来油经单向阀 3.1，再经液控单向阀 3.3 以及电液伺服阀 3.4 右位，进入液压马达 3.8 右腔，液压马达 3.8 左腔油液经电液伺服阀 3.4 右位回油，液压马达 3.8

左转，使炮塔在水平方向上瞄准目标。炮塔左转时方位子系统的油路图如图 6-25 所示，进油和回油路线如下。

进油路：供油系统主液压泵→单向阀 3.1→液控单向阀 3.3→电液伺服阀 3.4 右位→液压马达 3.8 右腔

回油路：液压马达 3.8 左腔→电液伺服阀 3.4 右位→油箱

泄漏油路：供油系统主液压泵→单向阀 3.1→液控单向阀 3.3→电液伺服阀 3.4 右位→固定节流孔 3.5→电液伺服阀 3.4 右位→油箱

（3）手动操纵

当系统压力消除时，截止阀 3.9 的控制压力消失，截止阀 3.9 打开，液压马达 3.8 的两腔通过截止阀 3.9 串通，此时炮塔就可以在手动操纵下水平转动。炮塔实现手动操纵的油路图如图 6-26 所示，进油和回油路线省略。

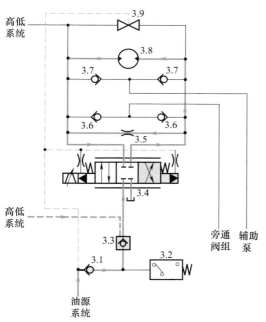

图 6-25　方位子系统左转油路

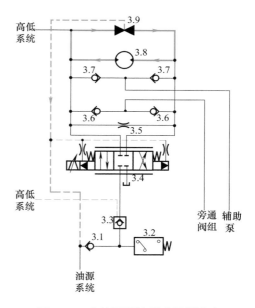

图 6-26　方位子系统手动操纵油路

（4）锁紧

当电液伺服阀 3.4 的输入信号为零时，电液伺服阀 3.4 工作在中位，此时方位液压马达 3.8 的两腔封闭，液压马达停止动作。由于水平方向液压马达 3.8 的外负载较小，虽然电液伺服阀有一定的泄漏，经过固定阻尼孔 3.5 液压有一定的泄漏，但电液伺服阀 3.4 中位仍然能够对液压马达起到锁紧的作用，其作用等同于高低子系统中液控单向阀 2.6 的作用，这是一种最重要的安全装置，在切断液压动力时，可以保持炮塔不动。方位子系统实现锁紧的油路图如图 6-27 所示，油路路线省略。

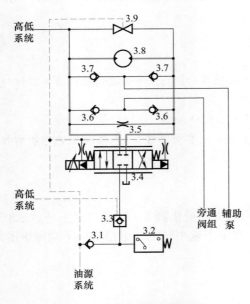

图6-27　方位子系统锁紧油路

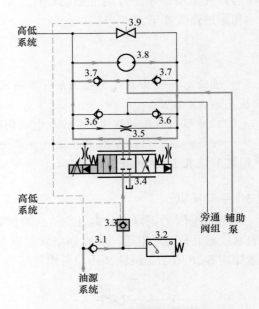

图6-28　方位子系统补油油路

（5）补油

　　两个相对安装在通往液压马达3.8两腔油路上的补油单向阀3.7，与辅助液压泵（前置泵）1.1出口处的辅助油路相连接。因此，这两个补油单向阀3.7的作用是给液压马达某腔补充低压油，以防止马达急速换向或突然制动时在某腔产生气穴。例如当液压马达3.8在负值负载作用下向右转动时，进油路的液压油液有可能不足以满足液压马达快速右转的油液需要，进油路压力有可能会出现低于大气压的现象，此时辅助液压泵可以把液压油补充到进油侧，油路图如图6-28所示，油路路线省略。

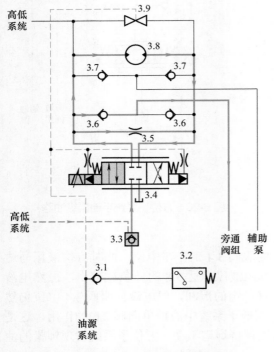

图6-29　安全保护油路

（6）安全保护

　　通往液压马达3.8两腔相反安装的两个单向阀3.6（称为安全单向阀）与主泵供油路中旁通阀组相接，此种接法表明只有当液压马达某一腔的压力超过主泵供油压力时才能打开单向阀3.6泄油，这样只需要采用一个溢流阀就能够实现子系统两个方向的安全保护功能。例如当液压马达3.8右转时，如果进油路压力超过旁通阀组中溢流阀的调定压力，方位子系统通过单向阀3.6泄油，油路图如图6-29所示，油路路线省略。

6.7　分析各子系统的连接关系

　　分析图 6-7 简化后重新绘制的炮塔液压系统等效原理图，得到炮塔液压系统高低子系统和方位子系统之间的连接关系图如图 6-30 所示。

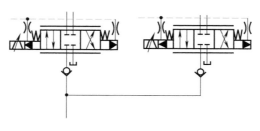

图 6-30　子系统连接关系图

　　图 6-30 中高低子系统和方位子系统的进油都连接到液压泵和蓄能器的供油，两个子系统的回油单独回油箱。因此，炮塔液压系统中高低子系统和方位子系统之间的连接关系是并联关系。对于并联系统，当负载相同时，则多个执行元件可同时动作，当负载不同时，负载小的子系统先动作。因此对于炮塔液压系统，采用并联连接方式，高低子系统和方位子系统可以同时动作，从而使炮塔能够以最快的速度在水平和垂直方向上瞄准目标，提高炮塔的响应速度。

　　此外，液控单向阀 3.3 使得方位子系统和高低子系统的动作具有一定的互不干扰性，只有当高低子系统控制炮塔下降时，方位子系统才能动作，当高低子系统控制炮塔上升时，方位子系统不能动作。

6.8　总结整个系统特点及分析技巧

　　通过上述炮塔液压系统各子系统动作原理的分析和子系统连接关系的分析，对炮塔液压系统的特点和分析该类液压系统时能够采用的分析技巧进行总结。

6.8.1　系统特点

　　通过对图 6-3 中炮塔液压系统工作原理的分析，能够对该液压系统的组成及工作特点总结如下。

　　❶ 采用阀控电液伺服控制系统，具有响应速度快、控制精度高的特点，适合于炮塔液压系统要完成的动作任务。电液伺服控制系统按控制元件的形式分为阀控系统和泵控系统两类，其中阀控系统采用伺服阀或比例阀来控制从液压油源流入执行机构的流量，从而控制负载动作的伺服控制方式，阀控系统液压油源通常为恒压油源；泵控系统用伺服变量泵给执行机构供油，通过改变泵的排量来控制进入执行机构的流量，从而改变输出速度。阀控系统结构简单、频带宽、响应速度快、控制精度高，但系统损失大、效率低、发热严重，通常用于对精度和快速应求高的小功率场合。泵控系统结构复杂、调节速度慢，但系统效率高，损失发热少，因此常用于大功率、油温升高不易解决以及频响要求不高的场合。武器装备液压系统尽管各有特色，但大多为泵控马达组成的闭路控制系统，以适应大功率的需要，但本模

块所分析的炮塔液压系统采用了阀控系统，目的是提高系统的动态快速性、跟踪精确性和动态刚度。

❷ 同时对阀控液压缸和阀控液压马达两种动力机构进行控制，同样是为了实现位置控制，虽然动力机构形式不同，但二者传递函数具有相同的形式，因此可采用相似的控制策略。

❸ 采用辅助泵为主液压泵进油口供油，改善了主液压泵的吸油性能和可靠性。

❹ 采用旁通阀组实现溢流阀快速溢流、安全保护以及液压泵启动和卸荷功能，系统结构紧凑，动作可靠。

❺ 液压马达设有补油和双向安全保护功能，液控单向阀在高低子系统中起到平衡和锁紧作用，提高了系统的安全可靠性。

❻ 系统设有多种过滤装置，并设有冷却器，提高了系统的防污染能力，并保证系统始终工作在合适的温度，从而保证了整个武器的运行可靠性。

❼ 手动操纵炮塔方式和液压驱动炮塔方式同时存在，增强了系统的工作可靠性和安全冗余。

6.8.2 分析技巧

通过上述炮塔液压系统原理图的分析，对所有类似于炮塔液压系统的电液伺服系统原理图进行分析时可采用如下技巧。

❶ 电液伺服系统原理图的分析方法与液压传动系统原理图的分析方法相同，其中电液伺服阀可等效为电液换向阀。

❷ 电液伺服阀的分析方法与电液换向阀的分析方法相同，但应注意电液伺服阀的输入信号是正负误差信号，把正负误差信号等效为电液换向阀的左右两个工作位置，则系统的分析更加简单、容易。

❸ 阀控液压缸和阀控液压马达的控制方法不同，但在原理图分析中，阀控液压缸和阀控液压马达可采用相同的分析方法。

模块七

汽车气动系统原理图分析

动画演示

气动系统在汽车尤其是大型客车上的应用较多，因为气动系统结构简单、维护容易；工作介质是压缩空气，清洁、无污染；气动系统允许长时间受阻挡停转或卡住，运行安全；同时汽车行走的时候可以带动空压机，这使得压缩空气源的获取比较方便。本章将以汽车门开关气动装置和刹车气动装置为例，介绍由气缸、手控换向阀和气控换向阀等组成的气动系统的分析方法和分析技巧。

7.1　汽车概述

汽车尤其是大型客车上，车门开关和刹车系统通常采用气动系统进行驱动，大型客车上的压缩空气都来源于空压机，经过干燥器等处理元件后进入储气罐，可作为汽车门开关系统以及刹车系统的能量来源。

汽车门开关气动装置简称气动门，气动门可分为两位式的和调节型的。调节型可停在任意位置，一般使用定位器进行控制；两位式的只有两个工作状态——开和关；也有两者合用的，在正常情况下车门位置可调，非正常情况下关断或者全开。由于结构简单，汽车门开关气动装置通常使用两位式装置，其主要组成部分为门体旋转机构（门体、连杆、旋转轴、滚轮）、气动系统（气缸、气动控制元件）以及踏板组成。门体与连杆结构固接，气缸活塞杆与连杆铰接，气缸缸体与车体铰接，因此当活塞伸出时，门体关闭；当活塞缩回时，门体打开。门体打开的位置由机构尺寸及气缸行程决定，气动系统则根据踏板检测到的信号打开和关闭车门。

汽车刹车气动装置则主要由贮气罐、制动阀、继动阀以及刹车执行室组成。制动力由阀门控制，用小的操纵力就可以产生很好的制动效果。由于空气可以压缩，即使有小泄漏，也不至于影响到制动器性能。为了保证制动响应尽量快，一般会把刹车装置各元件如贮气罐、气动阀门以及刹车气室安排得比较靠近。

7.2　了解气动系统的工作任务和动作要求

汽车实际运行中，通常要完成的动作是"刹车—开启车门—关闭车门—解除刹车"，其动作时序图如图 7-1 所示。

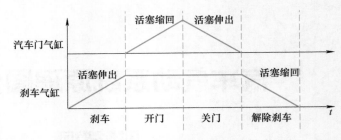

图 7-1　系统动作时序图

对汽车的两个气动装置各自单独分析其工作任务和动作要求。

（1）汽车门开关气动装置的工作任务和动作要求

汽车门开关气动系统利用低压气动阀来检测人的踏板动作。在拉门内、外装踏板，踏板下方装有完全封闭的橡胶管，管的一端与低压气动阀控制口连接。当人站在踏板上时，橡胶管内压力上升，低压气动阀产生动作；当人离开踏板时，低压气动阀复位，从而控制气缸的伸出和缩回动作，达到自动开关车门的目的。表 7-1 为人的动作、气缸动作以及车门动作的对应关系。

表 7-1　人的动作、气缸动作以及车门动作的对应关系

人的动作	气缸动作	车门动作
人踏上外踏板（上车）	缩回	打开
人离开外踏板（上车）	伸出	关闭
人踏上内踏板（下车）	缩回	打开
人离开内踏板（下车）	伸出	关闭

（2）刹车气动装置的工作任务和动作要求

刹车装置的动作比较简单，即当制动阀踏板被踩下时，压缩空气从储气罐进入刹车气室，实现制动；当制动阀踏板松开时，压缩空气由刹车气室排出到大气，制动解除。

7.3　粗略浏览

7.3.1　确定系统的组成元件及功能

在初步分析汽车门开关和刹车气动系统原理图时，主要是粗略浏览整个气动系统，明确气动系统的组成元件以及功能。

待分析的气动系统原理图如图 7-2 所示，按照先分析能源元件和执行元件，再分析控制调节元件以及辅助元件的原则，分析图 7-2 中气动系统的组成元件及其功能。

（1）能源元件

1 个空压机，由发动机驱动，给整个系统提供气源。

（2）执行元件

1 个双作用单杆直线气缸，与机械结构相配合用于驱动车门；

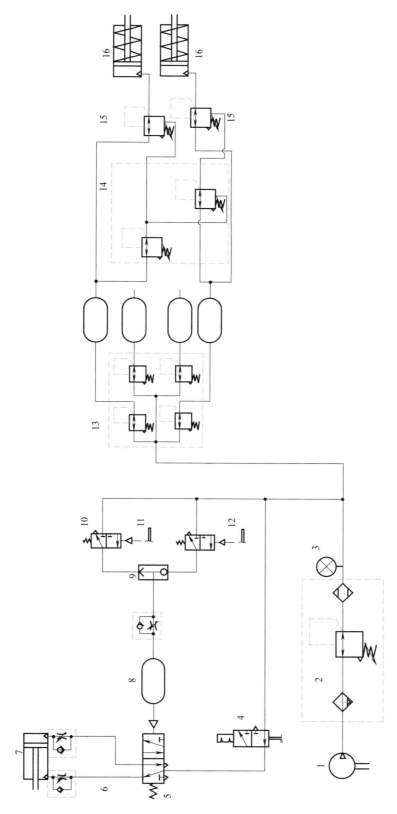

图 7-2　汽车门开关和刹车气动系统原理

1—空压主机；2—气源处理元件；3—压力表；4—二位三通手动阀；5—二位五通气控阀（弹簧复位）；6—单向节流阀；7—双作用气缸；8—气罐；9—梭阀；10—二位三通气控阀；11—内踏板；12—外踏板；13—四回路阀；14—双管路阀；15—继动阀；16—刹车气室

2 个单作用气缸（刹车气室），用于驱动刹车片完成制动。

（3）控制调节元件

1 个二位五通气控换向阀（弹簧复位），分别用于切换气缸的气路；

2 个低压气控换向阀，分别检测人踏上踏板的动作；

1 个手动换向阀，用于控制主气路的通断；

3 个单向节流阀，调节气缸和气罐的排气速度；

1 个减压阀，调节系统工作压力；

1 个梭阀，用于实现控制信号"或"的逻辑关系；

2 个继动阀，用于对制动气室实现快速充气和排气；

1 个四回路阀，用于控制气罐充气气路，并保障在一条气路发生故障时，其他气路不受影响；

1 个双管路制动阀，用于将操纵信号转换为气压信号。

（4）辅助元件

1 个压力表，检测气路压力；

1 个空气组合元件，对空气起过滤 - 减压 - 除油雾的作用，可手动排水；

5 个气罐，其中气动门装置中的气罐用于缓冲踏板信号，刹车装置中的气罐用于储存空气。

7.3.2　特殊元件分析

图 7-2 的汽车门开关和刹车气动系统原理图中除熟悉的常用元件外，在刹车装置中还有部分元件（元件 13 ~ 16）不是常见的标准气动元件，应对这些元件进行工作原理和功能的分析。

（1）四回路阀 13

图 7-2 中的元件 13 是四回路阀，用于多回路气动制动系统中，当其中一条回路失效后，仍能保证其他回路中有一定的安全制动气压，四个出气口各自独立，可分别控制不同气路。图 7-3 为四回路阀的外形图和原理图。

(a) 外形

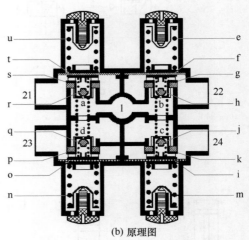

(b) 原理图

图 7-3　四回路阀

❶ 充气　四回路阀一共有四个出口21、22、23、24，分别连接四个回路Ⅰ、Ⅱ、Ⅲ、Ⅳ（图中未示出）。压缩空气从进气口1进入四回路阀，通过旁通孔a、b、c、d和单向阀h、j、q、r进入系统的四条回路，同时在阀门g、k、p、s下建立起压力，当达到设置的开启压力（保护压力）时，阀门打开，膜片f、i、o、t克服弹簧e、m、n、u的弹簧力鼓起，压缩空气通过出口21、22、23、24流入四个回路。

❷ 失效保护　如果其中一只支路（如回路Ⅰ）失效，其他三条回路的空气从失效的回路中泄漏，直到达到动态关闭压力，弹簧力使得阀门e、m、n、u关闭；如果Ⅱ、Ⅲ、Ⅳ回路中空气泄漏完，空气将再一次被充入，直到达到失效回路的设置开启压力。如果其他回路失效，完好回路的压力保护过程以同样的方法进行。

此元件没有标准的元件符号，从主要功能来看，可以使用图7-2中所示元件13的图形符号来表示，气源与该元件进气口连接，四个出口分别与四个气罐连接，其中两个气罐用于两个车轮的刹车制动，当任何一条气路失效时，其余各回路的气体均可以给其他回路补充压力。在本系统的原理分析中，不涉及回路失效的故障分析，因此此元件在原理分析时可直接视为气源与气罐连接。

（2）双管路制动阀

双管路制动阀用于在双管路制动系统的制动过程和释放过程中实现灵敏的随动控制。图7-4为双管路制动阀的外观和原理图。

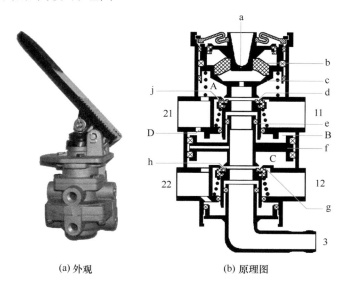

(a) 外观　　　　(b) 原理图

图7-4　双管路制动阀

当脚踩下弹簧垫a时，活塞c下移，出口d关闭，入口j打开，空气从口11进入气室A和口21，流入刹车回路Ⅰ。同时，压缩空气从洞D进入气室B，作用在活塞f上方，使其向下运动，出口h关闭，入口g打开。口12的空气进入气室C和口22，流入刹车回路Ⅱ。气室A中的空气作用在活塞c的下方，随着压力的增加，活塞c两边受力相等，此时入口j和出口d均关闭，达到平衡位置。随着气室C的压力增加，空气作用在活塞f下方，推动其向上运动直到平衡，此时入口g和出口h均关闭。当全力刹车时，活塞c达到平衡位置的最低点，此时入口j保持开启；气室b中的压缩空气也使活塞f达到平衡位置的最低点，入口

g 保持开启。此时压缩空气以最大压力进入刹车回路。当刹车力降低时，过程反转，活塞 c、f 上移，输出压力降低，降低的程度由活塞位置（脚踩下的距离）决定。如果刹车回路 II 损坏，刹车回路 I 正常工作；如果刹车回路 I 损坏，刹车时，活塞 f 被阀体 e 推动下移，出口 h 关闭，入口 g 打开，达到平衡位置。

　　根据原理分析，可以看出双管路制动阀的功能在于通断与调节来自贮气筒的压缩空气，以操纵、解除和控制制动。在本系统分析中，并不分析其调节制动力大小的功能，只分析其通断气路的功能。图 7-2 中元件 14 为双管路制动阀的简化符号。双管路制动阀的第一个输出口为手动减压阀的输出口，同时此输出还与先导式减压阀的控制口相连；双管路制动阀的第二个输出口即为先导减压阀的输出口。当踏板按下时，手动减压阀输出与踏板按下程度相对应的压力，此压力传导至先导减压阀的控制口，先导减压阀也输出与之相对应的压力，这样即保证了双管路制动阀两个通道能同时输出相同的压力，从而更好地保证了两个刹车通道的同步动作；当踏板松开时，手动减压阀输出口与排气口相连，输出压力消失，同时先导减压阀也因为其控制压力消失，输出口也与排气口相连，从而双管路制动阀的两个输出口与大气相连，输出压力消失。

（3）继动阀

　　继动阀安装在贮气罐与制动气室之间，如果制动系统无继动阀，贮气罐中的压缩空气将直接通过双管道制动阀流至制动气室。但由于司机座椅至各车轮的制动管线距离是不同的，压缩空气到达制动气室的时间也将不相同，这样不可能同时满足各个车轮制动动作的同步性与即时性。因此，为了解决这个问题，采用了继动阀。继动阀通常安装在长管路的末端，可以使贮气筒的压缩空气快速充满制动气室，如在挂车或半挂车制动系统中。在载重汽车的制动系统里，继动阀可缩短反应时间和压力建立时间。图 7-5 为继动阀外观和原理图。

　　当踩下制动踏板时，制动阀的输出气压作为继动阀的控制压力输入，在控制压力作用下，将进气阀推开，于是压缩空气便由贮气筒直接通过进气口进入制动气室，而不用流经制动阀，这大大缩短了制动气室的充气管路，加速了气室的充气过程。因此继动阀又叫加速阀。一般采用差动继动阀。防止行车及停车系统同时操作，导致组合式弹簧制动缸及弹簧制动室中的力的重叠，从而避免机械传动元件超负荷，使弹簧制动缸迅速充、排气。

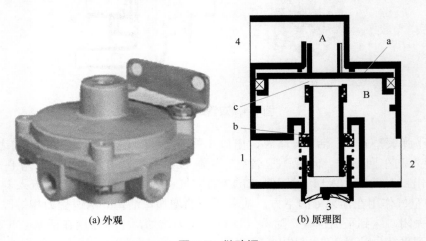

(a) 外观　　　　　　　(b) 原理图

图 7-5　继动阀

继动阀一般有 4 个气口，如图 7-5（b）所示，控制接气口 4、气源接气口 1、输出接气口 2（输出口可以是多个，但都是相通的），排气口 3 与大气连通。当控制接气口 4 有气的时候，活塞 a 下移，出口 c 关闭，入口 b 打开，此时压缩空气从进口 1 进入气室 B 并从出口 2 进入刹车气室；控制气口 4 没气的时候，活塞在气室 B 的空气压力作用下上升，出口 c 打开，入口 b 关闭，口 2 的空气通过排气口 3 排到大气中。

继动阀是非标准元件，没有标准的气动元件符号，由于该阀的动作由口 4 出的压缩空气压力控制，从其功能上看接近于先导减压阀，因此在图 7-2 中使用先导减压阀的图形符号来标识。当先导压力建立后，元件 15 输出与先导信号相应的气压；当先导压力消失后，则元件 15 输出口与大气连通。

（4）刹车气室

通常两驱车中采用后轮制动，左后轮和右后轮各有一套制动轮组件，因此有两个刹车气室。制动轮组件结构简图如图 7-6 所示，压缩空气流入制动气室的进气口后推动膜片，膜片由推盘支承并将推杆推向前，推杆通过间隙调节器与凸轮轴相接，凸轮轴推动制动片压向制动鼓，于是行车制动器接合。图 7-7 为刹车气室的原理图。

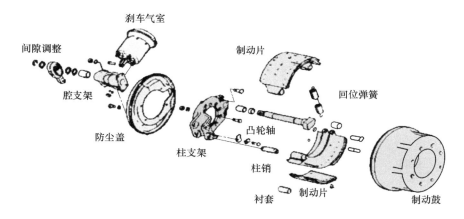

图 7-6　制动轮组件结构简图

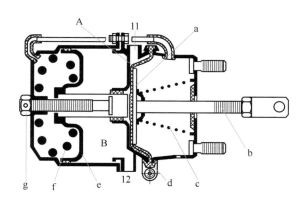

图 7-7　刹车气室原理图

刹车开始后，压缩空气从口 11 进入气室 A，作用在膜片 d 左侧，克服弹簧 c 的力使活塞右移，推动活塞杆 b 完成制动；当气室 A 中的压力降低时，弹簧 c 推动活塞 a 和膜片 d 回到初始位置。

从刹车气室的功能上看应该接近于气缸，因此使用单作用弹簧复位气缸的符号来标识，如图 7-2 中元件 16 所示。

7.4 整理和简化气路

图 7-2 中气动原理图可通过缩短气路连线，删除不必要的元件以及简化元件符号等方式进行简化，然后再进行系统分析。

7.4.1 简化气动原理图

（1）简化气路连线

图 7-2 中，只有一条供气路线，所有气动元件供气均连接到此线路上，不利于系统简化分析。因此可以将供气拆分，就近增加供气符号进行气路连线的简化。例如图 7-2 中元件 10 的供气线路可以删除，然后直接在该元件前面增加供气符号。

（2）去掉不必要的元件

图 7-2 中，空气组合件 2、压力表 3 对原理图的分析影响不大，可以去掉；刹车装置中的四回路阀 13 以及气罐在正常工作中状态不会发生变化，可视为气源，因此也都可以去掉。去掉这些元件的同时可以去掉与之相连的连线，使整个原理图看起来更加清晰明了。

图 7-2 简化后，将元件位置整理重新排列，绘制等效原理图，如图 7-8 所示。

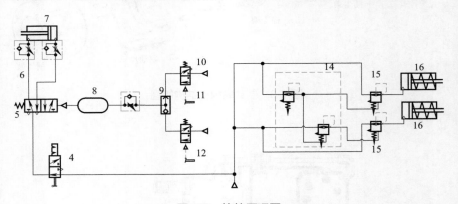

图 7-8 等效原理图

7.4.2 给元件重新编号

之前的简化工作省略了部分元件，为了便于分析和列写气路路线，应该对简化后的原理图中所有元件重新编号，可以采用字母编号或数字编号方式。采用字母编号的气动原理图如图 7-9 所示，采用数字编号的气动原理图如图 7-10 所示。限于篇幅，在后面的分析中，将只对数字编号的气动原理图进行分析。

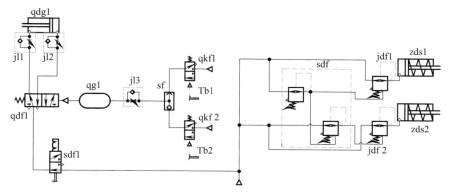

图 7-9　使用字母编号的原理图

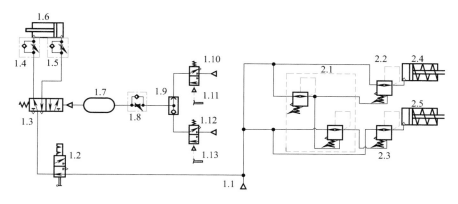

图 7-10　使用数字编号的原理图

7.5　划分子系统

7.5.1　子系统划分及编号

　　图 7-10 的气动原理图中有 3 个执行元件，分别为气缸 1.6、气缸 2.4 和气缸 2.5，其中气缸 1.6 所在回路为单缸往复系统，单独划分为一个子系统；气缸 2.4 和气缸 2.5 虽然是两个执行元件，但实际上其控制元件和动作都是一样的，因此可以划分到一个子系统中，图中用点划线框将 2 个子系统划分开，然后对各个子系统进行编号或命名，可以采用数字方式进行编号，也可以根据各子系统的动作或功能进行命名，各个子系统划分及命名如图 7-11 所示。

7.5.2　绘制子系统原理图

　　图 7-11 中汽车气动系统共分为 2 个子系统，分别是汽车门子系统和刹车子系统。为了便于分析各个子系统，绘制从气源到执行元件的各个子系统原理图，如图 7-12 和图 7-13 所示。

汽车门子系统

刹车子系统

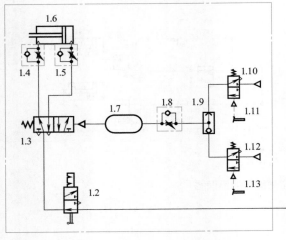

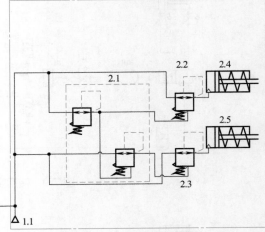

图 7-11　子系统划分及命名

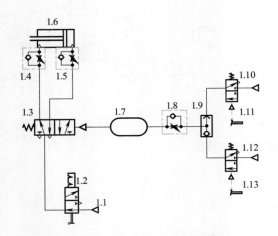

图 7-12　汽车门子系统原理图

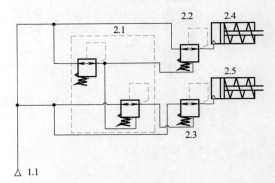

图 7-13　刹车子系统原理图

7.6　分析各子系统

　　由图 7-12 和图 7-13 可以看出，每个子系统只包含一个或一组同样的执行元件，因此结构简单，易于分析。分析内容包括系统构成、各种动作下执行元件的进气路线、排气路线以及所有控制阀的动作顺序和逻辑关系。

7.6.1　汽车门子系统分析

　　图 7-12 中的汽车门子系统原理图中包括双作用气缸、单向节流阀、二位五通气控换向阀、二位三通气控换向阀、二位三通手控换向阀、气罐以及梭阀等元件。手控换向阀用于将操作信号转换为气压信号，气控换向阀根据气压信号来通断气路。

　　根据表 7-1，汽车门开关气动系统完成两个动作：车门打开以及车门关闭。

（1）车门打开

当人踏上踏板时，车门打开，此时有两种情况：人踏上内踏板要下车、人踏上外踏板要上车。

第一种情况，根据图 7-12，人站在内踏板 1.11 上时，低压气动控制阀 1.10 置于下位，气路与气源连通，压缩空气通过梭阀 1.9、单向节流阀 1.8 和气罐 1.7 使气控换向阀 1.3 换向置于右位，压缩空气通过单向节流阀 1.5 进入气缸 1.6 的有杆腔，活塞向左运动，车门打开。

第二种情况，根据图 7-12，人站在外踏板 1.13 上时，低压气动控制阀 1.12 置于下位，气路与气源连通，压缩空气通过梭阀 1.9、单向节流阀 1.8 和气罐 1.7 使气控换向阀 1.3 换向置于右位，压缩空气通过单向节流阀 1.5 进入气缸 1.6 的有杆腔，活塞向左运动，车门打开。

车门打开过程中，汽车门开关气缸的进气路线为：

⊙➔⊙➔⊙➔⊙➔⊙➔

气源→手控换向阀 1.2 上位→气控换向阀 1.3 右位→单向节流阀 1.5→气缸 1.6 的有杆腔

气缸排气路线为：

⊙➔⊙➔⊙➔⊙➔⊙➔

气缸 1.6 的无杆腔→单向节流阀 1.4→气控换向阀 1.3 右位→大气

控制气路路线为：

⊙➔⊙➔⊙➔⊙➔⊙➔

气源→气控换向阀 1.10 下位→梭阀 1.9→节流阀 1.8→气罐 1.7→气控换向阀 1.3 右控制腔

图 7-14 为车门打开时的进排气路线及控制气路路线图。

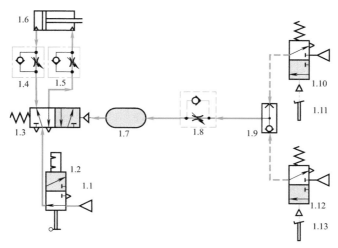

图 7-14　车门打开时的进排气路线及控制气路路线图

（2）车门关闭

当人离开踏板时，车门自动关闭，此时有两种情况：人离开内踏板下车、人离开外踏板上车。

第一种情况，人离开内踏板 1.11 后，低压气动控制阀 1.10 复位至上位，气路与大气连通；气罐 1.7 中的压缩空气通过单向节流阀 1.8、梭阀 1.9 和低压气动控制阀 1.10 上位排出，当气罐的气体压力低于气控换向阀 1.3 的操作压力时，气控换向阀 1.3 复位至左位；压缩空气通过单向节流阀 1.4 进入气缸 1.6 的无杆腔，活塞向右运动，车门关闭。

第二种情况，人离开外踏板 1.13 后，低压气动控制阀 1.12 复位至上位，气路与大气连通；气罐 1.7 中的压缩空气通过单向节流阀 1.8、梭阀 1.9 和低压气动控制阀 1.12 上位排出，当气罐的气体压力低于气控换向阀 1.3 的操作压力时，气控换向阀 1.3 复位至左位；压缩空气通过单向节流阀 1.4 进入气缸 1.6 的无杆腔，活塞向右运动，车门关闭。

车门关闭过程中，汽车门开关气缸的进气路线为：

气源→手控换向阀 1.2 上位→气控换向阀 1.3 左位→单向节流阀 1.4→气缸 1.6 的无杆腔

气缸排气路线为：

气缸 1.6 的有杆腔→单向节流阀 1.5→气控换向阀 1.3 左位→大气

控制气路路线为：

气罐 1.7→单向节流阀 1.8→梭阀 1.9→气控换向阀 1.10 上位→大气

图 7-15 为车门自动关闭时的进排气路线以及控制气路路线图。需要注意的是，气缸的动作是在气罐放气完成之后才开始的，气罐的放气时间可以通过单向节流阀 1.8 来调节，这样可以避免关门动作夹到乘客。

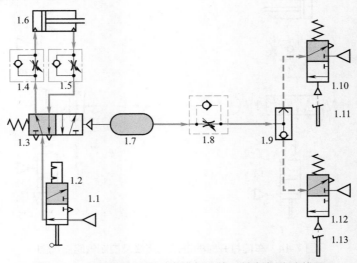

图 7-15　车门自动关闭时进排气路线及控制气路路线图

（3）系统运行控制

汽车门开关气动系统中使用了手动控制阀以及气控换向阀，用于系统功能的选择以及信号的切换，在气源和气路出现故障时，可手动操纵汽车门的开关，保证运行安全。

❶ 系统初始状态复位　系统工作前，需要手动进行复位，首先使手动换向阀 1.2 置于上位，系统进入工作状态，压缩空气通过气动换向阀 1.3 左位、单向节流阀 1.4 进入主缸 1.6 的无杆腔，将活塞杆推出（车门关闭）。

❷ 系统手动 / 自动功能切换　将手控换向阀 1.2 置于下位，则气缸气路与气源断开，此时汽车门开关系统为手动开关。

❸ 气控换向阀状态与系统动作关系　通过上述动作原理的分析，可列写汽车门开关气动系统各动作过程中气控换向阀状态与系统动作关系，见表 7-2。

表 7-2　气控换向阀状态与系统动作关系表

系统动作 ＼ 气控换向阀	气控换向阀 1.11	气控换向阀 1.12	气控换向阀 1.3
人从内部下车，车门打开	开	复位	右位
人从外部上车，车门打开	复位	开	右位
人从内部下车后，车门保持	复位	复位	右位
人从外部上车后，车门保持	复位	复位	右位
人从内部下车后，车门关闭	复位	复位	左位
人从外部上车后，车门关闭	复位	复位	左位

7.6.2　刹车子系统分析

图 7-13 中的刹车子系统由双管路制动阀、继动阀以及刹车气室组成，根据图 7-1，刹车子系统完成两个动作：刹车制动和解除刹车制动。

（1）刹车制动

当司机踩下制动踏板时，双管路制动阀输出相应气压信号，继动阀 2.2、2.3 的气控信号接通，输出与气控信号相应的气压，此时刹车气室 2.4、2.5 左腔进气，活塞在气压作用下克服弹簧力向右伸出，刹车轮组件完成刹车制动。

气缸进气路线为：

　气源→继动阀 2.2→刹车气室 2.4 的左腔
　气源→继动阀 2.3→刹车气室 2.5 的左腔

气缸排气路线则由刹车气室右腔直接排出到大气。

图 7-16 为刹车制动时的刹车气室进气气路及控制元件气路。

（2）解除刹车制动

当司机松开制动踏板时，双管路制动阀输出口与大气接通，继动阀 2.2、2.3 的气控信号消失，使得继动阀 2.2、2.3 输出口与大气接通，此时刹车气室 2.4、2.5 左

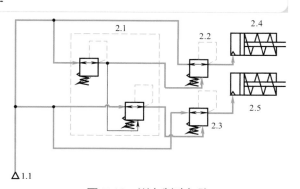

图 7-16　刹车制动气路

腔压缩空气通过继动阀排出，活塞在弹簧作用下向左缩回，刹车轮组件解除刹车制动。

此时气缸无进气路线。

气缸排气路线为：

刹车气室 2.4 左腔→继动阀 2.2→大气

刹车气室 2.5 左腔→继动阀 2.3→大气

图 7-17 为解除刹车制动时的刹车气室排气气路及控制元件气路。

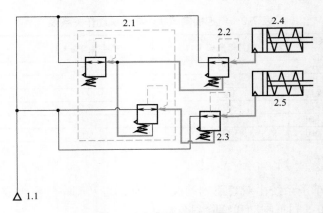

图 7-17　解除制动气路

（3）阀状态与系统动作关系

通过上面系统原理的分析，可以列写刹车系统的手控换向阀和气控换向阀与系统动作间的关系，见表 7-3。

表 7-3　阀状态与系统动作关系列表

阀 系统动作	制动阀 2.1	制动阀 2.2	制动阀 2.3
刹车制动	输出气压	输出气压	输出气压
解除制动	排气	排气	排气

7.7　分析各子系统的连接关系

根据图 7-18 的简化气路图，可以看到两个子系统的主供气气路是并联在一起的，但由于两个子系统的动作相互之间不会出现干扰，因此两个子系统为并联关系。图 7-18 为子系统连接关系图。

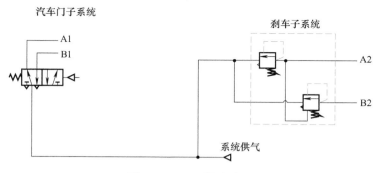

图 7-18   子系统连接图

7.8   总结整个系统特点及分析技巧

通过对汽车门开关和刹车气动系统的动作原理的分析，对该系统的特点以及分析此类系统的技巧进行总结。

7.8.1   系统特点

汽车门开关气动装置有如下特点。

❶ 系统采用全气路控制，所有元件均为气动元件，只需要一个气源即可工作，适合大型汽车使用。

❷ 系统使用低压气控换向阀，来实现人踏上踏板的信号检测，同时使用梭阀实现信号逻辑"或"的运算，可靠性好而且结构简单。

❸ 系统使用单向节流阀来调节气罐放气速度，可以实现对车门保持时间的调节，提高了系统安全性。

刹车装置的特点如下。

❶ 系统采用四回路阀给每个气罐单独充气，保证了在某个回路出现故障时，其他回路不受影响。

❷ 系统采用继动阀来控制刹车气室的充放气，保证了所有刹车的同步性和快速性。

7.8.2   分析技巧

通过汽车门开关气动系统和刹车气动系统原理图实例的分析，对汽车气动系统原理图的分析技巧总结如下。

❶ 首先对系统工作原理进行了解，画出动作时序图，将有助于分析整个气动系统原理图。

❷ 将气动原理图简化后再阅读，将有利于系统的分析。

❸ 气控换向阀的控制信号与气缸动作的关系是分析的重点，应首先分析清楚这一关系，再分析整个系统。

❹ 刹车装置的部分元件不是常见气动元件，结构和工作原理较复杂，在分析其原理和功能之后，可将其简化后再进行系统原理分析。

动画演示

模块八

机械手气动系统原理图分析

由于气动元件能够简单有效地实现往复运动，因此气压传动在工业机械手中应用非常广泛，例如在生产线上的自动取料、搬运、上料、卸料以及自动换刀等。本章将以显像管生产线上的气动转运机械手为例，介绍实现多缸往复运动气动系统的分析方法及分析技巧。

8.1 气动机械手概述

机械手是指能模仿人手和手臂的某些动作功能，按固定程序抓取、搬运物件或操作工具的自动操作装置。机械手通常由执行机构、驱动传动装置、控制系统等组成，其中驱动机构在很大程度上决定了机械手的性价比。根据动力源的不同，机械手的驱动机构大致可分为液压、气动、电动和机械驱动四类。气动机械手由于其具有结构简单、成本低廉、重量轻、动作迅速、平稳、安全、可靠、节能和不污染环境等优点而被广泛应用在生产自动化的各个行业。

在显像管生产过程中，工序间采用传输带连接，工件在操作工位由机械手从传送带上取下显像管放到加工设备上，显像管转运机械手便是采用气动技术来驱动的。图 8-1 为显像管转运气动机械手结构简图。

显像管转运气动机械手由真空吸盘 1、显像管 2、长臂缸 3、摆动缸 4、液压缓冲器 5、机架 6、升降缸 A、升降缸 B 组成。其中真空吸盘用于抓取显像管；长臂缸、摆动缸、升降缸用于将显像管移动到指定位置；液压缓冲器用于减小气缸行程末端的冲击，保护显像管；机架用于支撑整个系统。机械手由控制系统按照规定的流程控制，可完成显像管的抓取、搬运等工作。

图 8-1 机械手结构简图
1—真空吸盘；2—显像管；3—长臂缸；
4—摆动缸；5—液压缓冲器；6—机架；
A，B—升降缸

8.2 了解转运机械手气动系统的工作任务和动作要求

转运机械手气动系统需要完成真空吸盘的吸 / 放动作、两个升降缸的直线往复运动以及摆动缸的往复旋转动作。其动作任务为：机械手处于原位（长臂缸 3 的活塞杆缩回，摆动缸 4 的叶片处于左位，升降缸 A 放入活塞杆缩回，升降缸 B 的活塞杆伸出，等待显像管传送带到位）—机械手吸抓显像管（由显像管传送带送到并发出有管信号，升降缸 B 的缸体下降至工位，吸盘吸住显像管）—机械手上升（升降缸 B 的缸体升起，升降缸 A 的活塞杆伸出，使机械手处于最高位）—机械手转位（摆动缸 4 向右转 90°）—机械手伸出（长臂缸 3 伸出并等待）—机械手下降放显像管（清洗机上管工位到位且无剩管时，升降缸 A 的活塞杆缩回，吸盘放气，将显像管放在清洗机的上管工位）—机械手复位准备下一次抓取。图 8-2 为气动机械手的动作时序图。

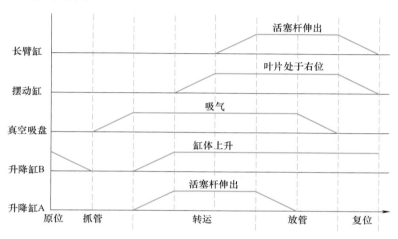

图 8-2　气动机械手动作时序图

本系统的控制阀均为电磁阀，缸体末端装有磁性行程开关，用以检测各动作的到位情况。控制系统将根据动作时序表和行程开关状态来控制电磁阀的开关。

根据上述显像管机械手要完成的工作任务，显像管转运机械手工作过程中，首先要求气动系统能够实现准确无误的顺序动作控制，以满足显像管转运动作循环的需要，同时还要求抓取和释放动作平稳，无冲击，以保证被抓取工件的安全。

8.3　粗略浏览

在初步分析机械手的气动原理图时，主要是粗略浏览整个气动系统，明确气动系统的组成元件以及功能。

8.3.1　确定系统的组成元件及功能

待分析的机械手气动系统原理图如图 8-3 所示，按照先分析能源元件和执行元件，再分析控制调节元件以及辅助元件的原则，分析图 8-3 中机械手气动系统的组成元件及其功能。

（1）能源元件

1 个气泵，给整个系统提供压力可变的气源。

（2）执行元件

3 个气缸，其中 1 个为双作用连体单杆直线气缸（连体升降缸），1 个为双作用单杆直线气缸（长臂缸），1个为双作用摆动气缸（摆动缸），分别用于机械手的升降、伸缩以及转动。

1个真空吸盘，用于抓取显像管。

（3）控制调节元件

4个二位四通电磁换向阀（弹簧复位），分别用于操纵连体升降缸、长臂缸以及摆动缸气路的切换；

2个二位三通电磁换向阀（弹簧复位），用于真空吸盘气路的切换；

8个单向节流阀，调节气缸速度；

1个真空开关，用于检测真空吸盘气路压力是否符合要求，并给出控制信号（检测工件是否吸住）；

1个减压阀，调节系统工作压力。

（4）辅助元件

1个压力表，检测气路压力。

1个空气组合元件，对空气起过滤 - 减压 - 除油雾的作用，可手动排水。

1个液压缓冲器，用于缓和缸体末端行程的冲击。

1个真空发生器，用于提供真空吸盘所需的真空压力。

粗略浏览图8-3中机械手气动系统原理图后，可以看出系统中大部分元件是标准元件，少部分元件是非标准元件，对于非标准元件需要查阅相关参考文献，进一步了解其工作原理和用途。

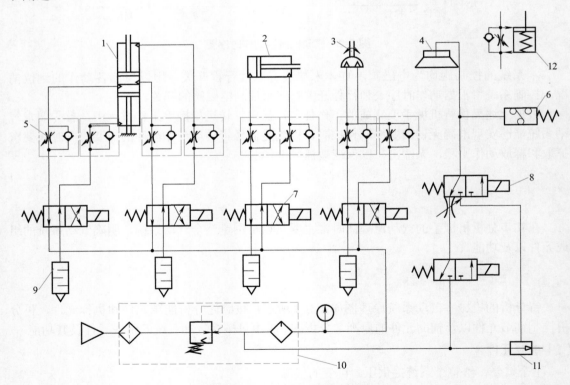

图 8-3　机械手气动系统原理图

1—连体升降缸；2—长臂缸；3—摆动缸；4—吸盘；5—单向节流阀；6—真空开关；7—二位四通电磁阀；8—二位三通电磁阀；9—消声器；10—空气组合元件；11—真空发生器；12—液压缓冲器

8.3.2 特殊元件分析

图 8-3 的机械手气动系统原理图中除熟悉的常用元件外，还有部分元件（元件 1、6、11）可能是大多数人所不熟悉的，应首先对这些非标准元件进行了解和分析。

（1）双作用连体单杆直线气缸

图 8-3 中，元件 1 连体升降缸为双作用连体单杆直线气缸。此气缸一般是以两台相同缸径的气缸对接组合而成，两个活塞行程可以相同，也可以不同。活塞运动方向相反，将一端活塞杆固定，就可作为多位气缸使用。其优点在于占用空间小、动态性好，抗扭能力强，结构坚固，适合于用作搬运系统，也可用于需要较大负载但又要求占用空间小的场合。图 8-4 为 QGB Ⅱ-H 双作用连体单杆直线气缸。

图 8-4　QGB Ⅱ-H 双作用连体单杆直线气缸

（2）真空开关

图 8-3 中，元件 6 为真空开关。真空开关按功能分，有通用型和小孔口吸着确认型；按电触点的形式分，有无触点式和有触点式。一般使用的压力开关，主要用于确认压力，但真空压力开关确认设定压力的工作频率高，故真空压力开关应具有较高的开关频率，即响应速度要快。图 8-5 为一种型号为 ZSP1 的真空开关。

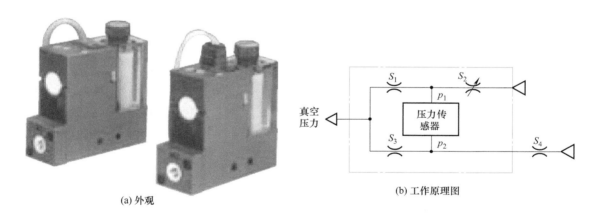

(a) 外观

(b) 工作原理图

图 8-5　真空开关 ZSP1

真空压力开关是用于检测真空压力的开关。当真空压力未达到设定值时，开关处于断开状态。当真空压力达到设定值时，开关处于接通状态，发出电信号指挥真空吸附机构动作。当真空系统存在泄漏、吸盘破损或气源压力变动等原因而影响到真空压力大小时，装上真空压力开关便可保证真空系统安全可靠的工作。图 8-5（b）为真空压力开关的工作原理图。

图中 S_4 代表吸着孔口的有效截面积，S_2 是可调针阀的有效截面积，S_1 和 S_3 是吸着确认型开关的内部孔径，$S_1=S_3$。工件未吸着时，S_4 值较大；调节针阀，即改变 S_2 值大小，使压力传感器两端压力平衡，即 $P_1=P_2$。当工件被吸着时，$S_4=0$，出现压差 p_1-p_2，被压力传感器检测出。

（3）真空发生器

图 8-3 中，元件 11 为真空发生器。真空发生器有很多种，根据外形可分为盒式和管式；根据性能可分为标准型和大流量型；根据连接方式可分为快接型和螺纹连接型等。图 8-6 为一种型号为 ZH05DS 的管式真空发生器外观和结构图。

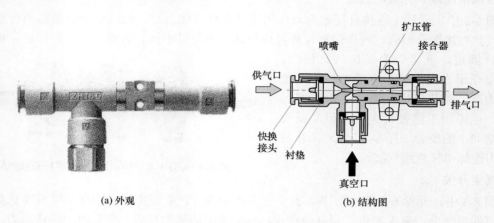

(a) 外观　　　　　　　　　　　　(b) 结构图

图 8-6　真空发生器 ZH05DS

此元件由套盒、本体、衬垫、喷射器（嘴）、扩压管以及接合器等组成，压缩气体从供气口进入，在喷射器中高速喷射，在喷管出口形成超声速射流，产生卷吸流动，使得喷管出口周围的空气不断地被抽吸走，从而导致负压腔压力降至大气压以下，形成一定真空度。

8.4　整理和简化气路

图 8-3 中机械手气动系统原理图气路连线较为复杂，因此可以通过缩短气路连线，删除不必要的元件以及简化元件符号的方法进行简化，然后重新绘制原理图，把原理图绘制成便于分析的形式，再进行子系统的分析。

8.4.1　简化气路连线

图 8-3 中的机械手气动系统原理图中，每个控制阀均有供气气路和排气气路，较为复杂。因此可以将排气路线简化，使用排气符号以及就近供气和排气的方法进行气路连线的简化。例如图 8-3 中元件 7 的排气线路可以删除，然后增加排气符号，如图 8-7 所示，图中的"×"表示原来的原理图上该连线可以删除。

8.4.2　去掉不必要的元件

图 8-7 中，气源处理元件包括过滤器、减压阀、压力表、油雾器等，这些元件对气动系统的分析影响不大，可以省略，气源处使用供气符号代替即可；排气消声器只起到在工作过程中减小系统噪声的作用，去掉该元件将不会影响系统工作原理的分析，因此可以省略，将控制阀排气口直接接到排气符号上。这些可以省略的元件在图 8-7 中以灰色标出，去掉这些元件的同时去掉它们附近的连线，这样使整个原理图变得更加简洁。

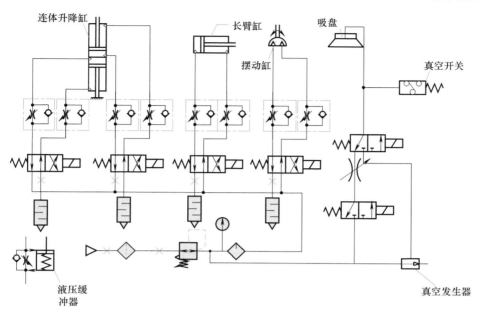

图 8-7　能够省略的元件和连线

8.4.3　绘制等效原理图

图 8-7 中简化后，对执行元件和控制元件位置进行整理，重新绘制原理图，如图 8-8 所示。

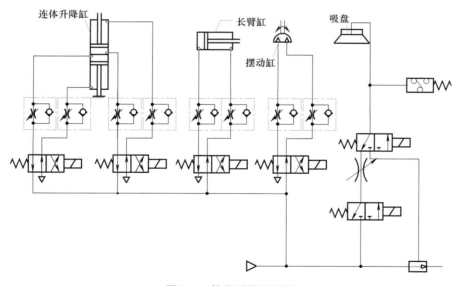

图 8-8　简化后的原理图

8.4.4　给元件重新编号

由于省略了某些元件，为了便于分析和列写气路路线，应该对简化后的原理图中所有元件进行统一编号，原图中已经编号的气动元件，也重新编号，采用字母编号的气动原理图如图 8-9 所示，采用数字编号的气动原理图如图 8-10 所示。在后面的气动系统原理图分析中，只对数字编号的图 8-10 进行分析。

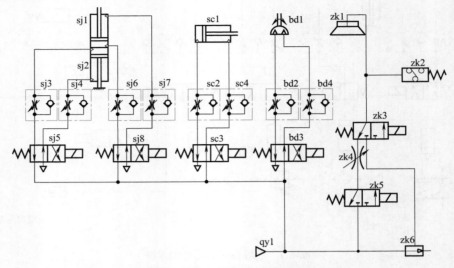

图 8-9　字母编号方式的简化原理图

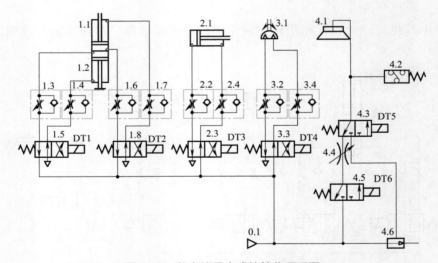

图 8-10　数字编号方式的简化原理图

8.5　划分子系统

8.5.1　子系统划分及编号

机械手气动原理图 8-10 中共有 4 个执行元件（连体升降缸包含两个缸体，但认为是一个元件），故可划分为 4 个子系统，整个系统由同一个气源供气，气源处理部分结构比较简单，不单独分析。图中用点划线框将 4 个子系统划分开，然后对各个子系统进行编号或命名，可以采用数字方式进行编号，也可以根据各子系统的动作或功能进行命名，各个子系统划分及命名如图 8-11 所示。

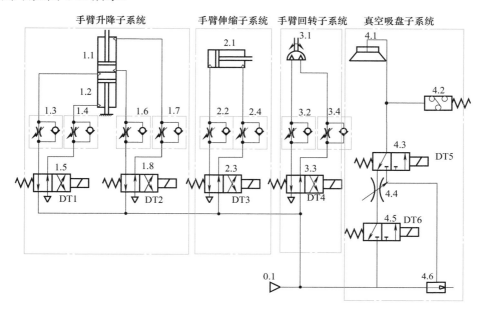

图 8-11　子系统划分及命名

8.5.2　绘制子系统原理图

图 8-11 中共有 4 个子系统，分别是手臂升降子系统、手臂伸缩子系统、手臂回转子系统和真空吸盘子系统。为了便于分析各个子系统，绘制从气源到执行元件的各个子系统原理图，分别如图 8-12 ～图 8-15 所示。

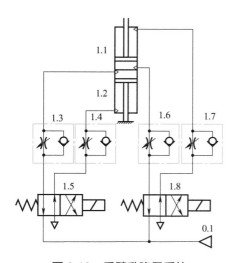

图 8-12　手臂升降子系统

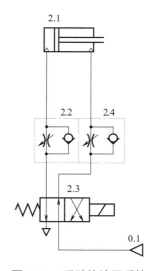

图 8-13　手臂伸缩子系统

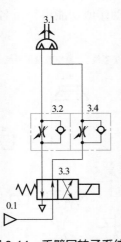

图 8-14　手臂回转子系统

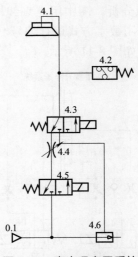

图 8-15　真空吸盘子系统

8.6　分析各子系统

　　将由多个执行元件组成的机械手气动系统分解为多个子系统后，每个子系统只包含一个执行元件，因此结构简单，易于分析。分析内容包括系统构成、各种动作下执行元件的进气路线、排气路线以及所有控制阀的动作顺序和逻辑关系等。

8.6.1　手臂升降子系统分析

　　手臂升降子系统原理图见图 8-12，该子系统由连体升降气缸、单向节流阀，以及电磁换向阀等元件组成。单向节流阀用于控制气缸的运动速度，电磁换向阀用于切换气缸的供气排气气路。

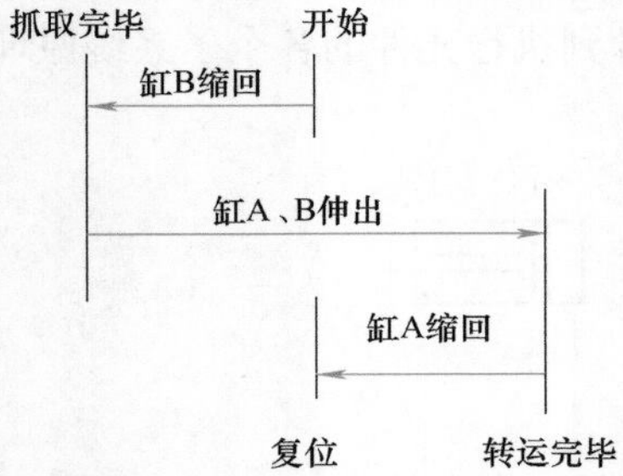

　　图 8-2 给出了整个机械手气动系统的动作时序图，其中手臂升降子系统要完成的动作循环如图 8-16 所示。

（1）缸 B 缩回

　　系统工作时，先完成显像管抓取动作，首先缸 B 缩回，即缸 1.2 活塞杆缩回，需要无杆腔排气，有杆腔进气。其工作条件为电磁换向阀 1.5 工作在右位，此时电磁铁 DT1 通电。缸 B 缩回的气路如图 8-17 所示。

　　进气气路为：

　　气源 0.1 → 电磁换向阀 1.5 右位 → 单向节流阀 1.4 → 气缸 1.2 有杆腔

　　排气气路为：

　　气缸 1.2 无杆腔 → 单向节流阀 1.3 → 电磁换向阀 1.5 左位 → 大气

抓取完毕　　　　开始

缸 B 缩回

缸 A、B 伸出

缸 A 缩回

复位　　　　转运完毕

图 8-16　手臂升降子系统
动作循环图

（2）缸 A、B 伸出

当系统抓取显像管完毕后，缸 A、B 都伸出，把显像管举起，等待被转运，其判断条件为真空吸盘真空压力达到要求，即真空开关 4.2 开启。

❶ 缸 A 伸出，即缸 1.1 活塞杆伸出，需要无杆腔进气，有杆腔排气。其工作条件为：电磁换向阀 1.8 工作在左位，此时电磁铁 DT2 不通电。

❷ 缸 B 伸出，即缸 1.2 活塞杆伸出，需要无杆腔进气，有杆腔排气。其工作条件为：电磁换向阀 1.5 工作在左位，此时电磁铁 DT1 不通电。

缸 A、B 伸出的气路如图 8-18 所示。

进气气路为：

> ⊙⊙⊙⊙⊙⊙
>
> 气源 0.1 ⟋ 电磁换向阀 1.5 左位→单向节流阀 1.3→气缸 1.2 无杆腔
> 　　　　⟍ 电磁换向阀 1.8 左位→单向节流阀 1.6→气缸 1.1 无杆腔

排气气路为：

> ⊙⊙⊙⊙⊙⊙
>
> 气缸 1.2 有杆腔→单向节流阀 1.4→电磁换向阀 1.5 左位 ↘
> 　　　　　　　　　　　　　　　　　　　　　　　　　　　大气
> 气缸 1.1 有杆腔→单向节流阀 1.7→电磁换向阀 1.8 左位

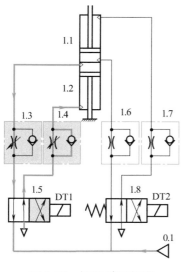

图 8-17　缸 B 缩回气路

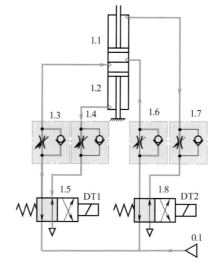

图 8-18　缸 A、B 伸出气路

（3）缸 A 缩回

当系统转运显像管到位后（其判断条件为长臂缸伸出到位），缸 A 缩回，即缸 1.1 活塞杆缩回，需要无杆腔排气，有杆腔进气。其工作条件为电磁换向阀 1.8 工作在右位，此时电磁铁 DT2 通电。缸 A 缩回的气路如图 8-19 所示。

进气气路为：

气源 0.1→电磁换向阀 1.8 右位→单向节流阀 1.7→气缸 1.1 有杆腔

排气气路为：

气缸 1.1 无杆腔→单向节流阀 1.6→电磁换向阀 1.8 右位→大气

8.6.2　手臂伸缩子系统分析

手臂伸缩子系统原理图见图 8-13，该子系统由单出杆气缸、单向节流阀以及电磁换向阀等元件组成。单向节流阀用于控制气缸的运动速度，电磁换向阀用于切换气缸的供气排气气路。

图 8-2 给出了整个机械手气动系统的动作时序图，其中手臂伸缩子系统要完成的动作循环如图 8-20 所示。

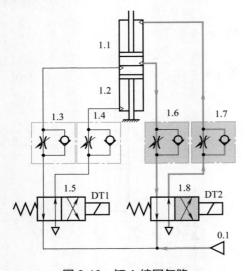

图 8-19　缸 A 缩回气路

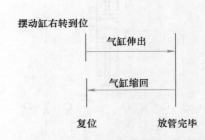

图 8-20　手臂伸缩子系统动作循环图

（1）气缸伸出

当系统完成抓取显像管的动作，摆动缸右转到位后，长臂缸伸出，即缸 2.1 活塞杆伸出，需要无杆腔进气，有杆腔排气。其工作条件为电磁换向阀 2.3 工作在右位，此时电磁铁 DT3 通电。长臂缸伸出的气路如图 8-21 所示。

进气气路为：

气源 0.1→电磁换向阀 2.3 右位→单向节流阀 2.2→气缸 2.1 无杆腔

排气气路为:

> 气缸 2.1 有杆腔→单向节流阀 2.4→电磁换向阀 2.3 右位→大气

（2）气缸缩回

当系统放下显像管后，长臂缸缩回，即缸 2.1 活塞杆缩回，需要无杆腔排气，有杆腔进气。其工作条件为电磁换向阀 2.3 工作在左位，此时电磁铁 DT3 不通电。长臂缸缩回的气路如图 8-22 所示。

进气气路为:

> 气源 0.1→电磁换向阀 2.3 左位→单向节流阀 2.4→气缸 2.1 有杆腔

排气气路为:

> 气缸 2.1 无杆腔→单向节流阀 2.2→电磁换向阀 2.3 左位→大气

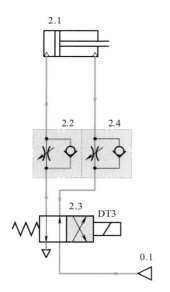

图 8-21　长臂缸的伸出气路

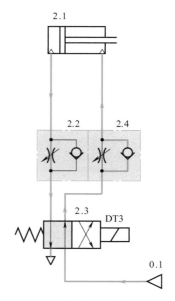

图 8-22　长臂缸的缩回气路

8.6.3　手臂回转子系统分析

手臂回转子系统原理见图 8-14，该子系统由摆动气缸、单向节流阀以及电磁换向阀等元件组成。单向节流阀用于控制气缸的摆动速度，电磁换向阀用于切换气缸的供气排气气路。

升降缸上升到位

向右摆动

向左摆动

复位　　　　　　放管完毕

图 8-23　手臂回转子系统
动作循环图

图 8-2 给出了整个机械手气动系统的动作时序图，其中手臂回转子系统要完成的动作循环如图 8-23 所示。

（1）气缸向右摆动

当系统抓取显像管，升降缸上升到最高位后，摆动缸向右摆动，即缸 3.1 向右摆动，需要左腔进气，右腔排气。其工作条件为电磁换向阀 3.3 工作在右位，此时电磁铁 DT4 通电。摆动缸向右摆动的气路如图 8-24 所示。

进气气路为：

●●●●●●
气源 0.1→电磁换向阀 3.3 右位→单向节流阀 3.2→气缸 3.1 左腔

排气气路为：

●●●●●●
气缸 3.1 右腔→单向节流阀 3.4→电磁换向阀 3.3 右位→大气

（2）气缸向左摆动

当系统放下显像管后，摆动缸向左摆动，即缸 3.1 向左摆动，需要右腔进气，左腔排气。其工作条件为电磁换向阀 3.3 工作在左位，此时电磁铁 DT4 不通电。摆动缸向左摆动的气路如图 8-25 所示。

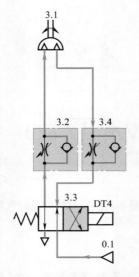

图 8-24　摆动缸向右摆动气路

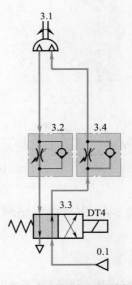

图 8-25　摆动缸向左摆动气路

进气气路为：

气源 0.1→电磁换向阀 3.3 左位→单向节流阀 3.4→气缸 3.1 右腔

排气气路为：

气缸 3.1 左腔→单向节流阀 3.2→电磁换向阀 3.3 左位→大气

8.6.4　真空吸盘子系统分析

真空吸盘子系统原理图见图 8-15，该子系统由真空吸盘、真空开关、真空发生器，节流阀以及电磁换向阀等元件组成。节流阀用于调节吸盘的放气速度，电磁换向阀用于切换气缸的供气排气气路。

图 8-2 给出了整个机械手气动系统的动作时序图，其中真空吸盘子系统要完成的动作循环如图 8-26 所示。

（1）真空吸盘抓取工件

当机械手得到工件就位信号，升降缸 B 下降就位后，真空吸盘吸气，可抓取工件。其工作条件为电磁换向阀 4.3 工作在右位，此时电磁铁 DT5 通电。真空吸盘吸气的气路如图 8-27 所示。

吸气气路为：

图 8-26　真空吸盘子系统
动作循环图

真空吸盘 4.1→电磁换向阀 4.3 右位→真空发生器 4.6→大气

（2）真空吸盘放置工件

当工件被转运到位，升降缸 A 下降就位后，真空吸盘放气，可松开工件。其工作条件为电磁换向阀 4.3 工作在左位，此时电磁铁 DT5 不通电。由于真空吸盘面积较大，在控制电磁阀 4.3 换向后，吸盘腔的负压不能立即消失，显像管要等一定时间之后才能掉在清洗机的上管工位上。为了缩短工作周期，放管时，当电磁铁 DT5 断电后，电磁铁 DT6 瞬时接通，此时电磁换向阀 4.5 切换到右位，吸盘与气源接通，空气直接流入吸盘内，促使显像管快速脱离吸盘。其进气气路如图 8-28 所示。

进气气路为：

气源 0.1→电磁换向阀 4.5 右位→节流阀 4.4→电磁换向阀 4.3 左位→真空吸盘 4.1

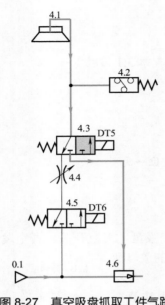

图 8-27　真空吸盘抓取工件气路

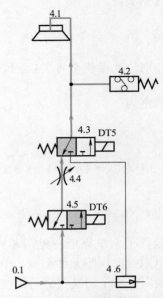

图 8-28　真空吸盘放置工件气路

8.7　列写电磁铁动作顺序表

此系统所有的控制阀均为电磁换向阀，由计算机控制系统根据动作时序和行程开关来控制其动作，电磁铁的状态与机械手动作的关系见表 8-1。

表 8-1　电磁铁状态与机械手动作关系

电磁铁 动作	DT1	DT2	DT3	DT4	DT5	DT6
原位	关	开	关	关	关	关
缸 B 缩回	开	开	关	关	关	关
吸盘吸气	开	开	关	关	开	关
缸 A、B 伸出	关	关	关	关	开	关
摆动缸右转	关	关	关	开	开	关
长臂缸伸出	关	关	开	开	开	关
缸 A 缩回	关	开	开	开	开	关
吸盘放气	关	开	开	开	关	开
复位	关	开	关	关	关	关

8.8　分析各子系统的连接关系

根据图 8-8 机械手气动系统简化气路图，可以看到几个子系统的主供气和主排气气路是并联在一起的，因此可画出子系统连接关系图，如图 8-29 所示。

图 8-29 中各子系统的供气连到一起，排气则为单独排气，因此机械手气动系统各子系统之间的连接关系应为并联连接方式。但由于各子系统之间的动作多为顺序执行，对系统功能影响不大，因此不会出现相互干扰。

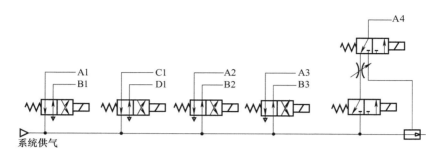

图 8-29　子系统连接关系图

8.9　总结整个系统特点及分析技巧

通过对显像管转运机械手气动系统各子系统的动作原理和子系统连接关系的分析，对该气动系统的特点和分析该类气动系统时能采用的技巧进行总结。

8.9.1　系统特点

通过对显像管转运机械手气动系统工作原理的分析，对图 8-3 中气动系统的特点总结如下。

❶ 该系统采用真空吸盘作为抓取显像管的执行元件，能够保证显像管在抓取、夹持过程中不被损坏；真空压力由真空发生器提供，直接使用压缩空气，使得系统结构简单；使用真空压力开关来检测显像管是否被抓住，当真空系统存在泄漏，吸盘破损或气源压力变动等原因而影响到真空压力大小时，可保证真空系统安全可靠的工作。

❷ 为保证系统工作的快速性，对真空吸盘设计了快速补气气路，使得真空吸盘能与显像管快速脱离。

❸ 每个气缸均安装有行程开关，通过行程开关的信号来控制电磁换向阀切换气路，使得控制系统快速可靠，同时简化了气路；气缸的行程也可以通过调节行程开关来实现。

❹ 每个气缸均装有单向节流阀。因此可以将机械手抓取显像管时的运动速度调节得比较慢，保证运动的稳定性；将机械手未抓取显像管时的动作速度调节得比较快（图 8-10 中的单向节流阀 1.3、2.4、3.4），保证系统的快速性。

❺ 本系统采用液压缓冲器来降低行程末端的冲击，提高了显像管在转运过程中的安全性。

❻ 本系统集气动、液压、电气以及真空技术为一体，发挥了各种技术的优势，系统结构简单，性能可靠。

8.9.2　分析技巧

通过显像管转运机械手气动系统原理图实例的分析，对机械手气动系统原理图的分析技

巧总结如下。

① 熟悉和了解显像管转运机械手的应用背景、动作时序、系统特点，对于分析各个子系统动作循环过程中气路连接方式以及电磁阀的工作状态具有十分重要的帮助。

② 分析显像管转运机械手的工作原理，画出动作时序图，将有助于分析气动控制系统。

③ 气动系统原理图上真空压力开关与电磁铁通断的关系难以判断，需要根据系统动作时序和工作要求来分析。

④ 将气动系统原理图简化并重新绘制成便于阅读的形式，是简化气动系统分析过程的重要方法和技巧。

动画演示

模块九

灌装机气动系统原理图分析

气动元件具有结构简单、体积小、对环境无污染的特点，因此在液体灌装领域气动技术的应用非常广泛，例如食品行业中的果汁、炼乳，日用品中的洗发水、鞋油，医药中的软膏以及工业上使用的润滑油、胶水灌装，一般都使用气动灌装机，尤其是在食品和易燃易爆液体灌装中，采用全气动控制系统可以提高清洁性和安全性。本章将以压力灌装机气动系统为例，介绍由行程控制回路和调速回路组成的全气动系统的分析方法以及分析技巧。

9.1 灌装机概述

灌装机是一种专用的包装机械，根据灌装物料的不同，采用不同的灌装方式。其中应用较广泛的是用于黏稠物料的容积式压力灌装机，由各种定量泵（如活塞泵、齿轮泵等）施加灌装压力，并进行灌装计量。图 9-1 为容积式压力灌装机结构示意图。

容积式压力灌装机一般由支撑件 1、料斗 2、气动控制箱 3、旋转机构 4、计量缸 5、下料管 6 组成。支撑件用于支撑整个机构并保持机构工作时的平衡；料斗用于装填灌装物料；气动控制箱内包含气源处理、气动阀门以及气路连接几部分；旋转机构用于切换料斗、计量缸以及下料管的通断；计量缸用于抽取和灌装物料；下料管用于向包装容器中输送物料。

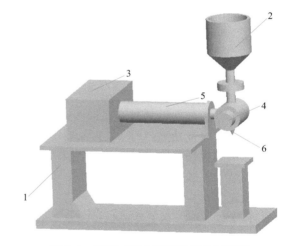

图 9-1 容积式压力灌装机结构示意图
1—支撑件；2—料斗；3—气动控制箱；4—旋转机构；
5—计量缸；6—下料管

整个灌装系统的驱动部分完全由气动元件组成，可以实现重复的灌装动作以及运动速度的调节。

9.2 了解灌装机气动系统的工作任务和动作要求

灌装机气动系统用于完成计量缸活塞的直线运动和旋转阀门的回转运动。某一容积式灌装机原理图如图9-2所示，当旋转机构中的旋转缸(图中未标出)带动旋转阀门逆时针转动时，出料口和下料管4封闭，进料口和料斗连通；然后计量缸3的活塞在灌装气缸5的驱动下向左移动，将物料抽入计量缸中；当活塞到达指定位置后，旋转缸带动旋转阀门顺时针转动，出料口和下料管连通，进料口和料斗封闭；随即计量缸活塞在灌装缸驱动下向右移动，将物料从出料口挤压至下料管，至此灌装机气动系统完成一个完整的动作循环。

图9-3为灌装机气动系统整个动作的时序图。由于灌装机的动作为顺序动作，要求实现精确可靠的动作循环，每一步骤都需要等待检测元件信号到达后才能开始。由于灌装的物料有时具有防爆的要求，考虑到这些物料的特殊性(如易燃易爆和清洁要求)，要求气动系统不能够使用电磁阀和磁性开关等电气元件，而在气缸两端增加机械控制换向阀(行程阀)，通过活塞杆与撞块的接触来得到气控信号，由此来控制气缸的伸出和缩回动作。

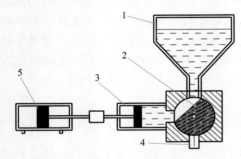

图9-2 容积式灌装机原理图
1—料斗；2—旋转机构；3—计量缸；
4—下料管；5—灌装气缸

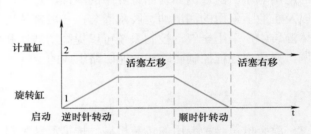

图9-3 灌装机动作时序图

9.3 粗略浏览

在初步分析灌装机的气动原理图时，主要是粗略浏览整个气动系统，明确灌装机气动系统的组成元件以及功能。

待分析的灌装机气动系统原理图如图9-4所示，按照先分析能源元件和执行元件，再分析控制调节元件以及辅助元件的原则，分析图9-4中灌装机气动系统的组成元件及其功能。

（1）能源元件

1个气泵，给整个系统提供压力可变的气源。

（2）执行元件

2个气缸，其中1个为双作用单杆直线气缸，1个为双作用摆动气缸，分别用于驱动计量缸活塞和旋转阀门。

（3）控制调节元件

3个双气控换向阀，分别用于操纵两个气缸的动作以及急停动作发生时气路的切换；

4个手动换向阀，分别用于急停、手动启动、自动启动的操作以及运行与运行准备的切换；

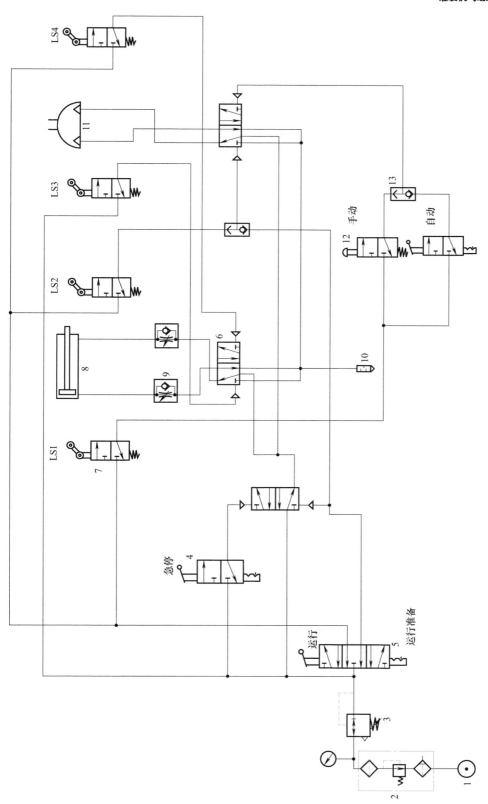

图9-4 灌装机气动系统原理图

1—压缩空气气源；2—空气组合元件；3—减压阀；4、12—手动二位三通阀；5—手动三位五通阀；6—气控二位五通阀；7—单向滚轮杠杆型机械控制二位三通阀（行程阀）；8—计量缸活塞驱动气缸；9—单向节流阀；10—消音器；11—摆动气缸；13—梭阀

4 个单向滚轮杠杆型机械控制换向阀（行程阀），用于根据气缸位置来切换气路；

2 个单向节流阀，调节气缸速度；

1 个减压阀，调节系统工作压力；

2 个梭阀，用于实现控制信号"或"的逻辑关系。

（4）辅助元件

1 个压力表，检测气路压力；

1 个空气组合元件，对空气起过滤-减压-除油雾的作用，可手动排水。

9.4 整理和简化气路

图 9-4 中灌装机气动系统原理图气路连线较为复杂，因此可以通过缩短气路连线，删除不必要的元件以及简化元件符号进行简化，然后通过重新绘制原理图的方法，把原理图绘制成便于分析的形式，再进行子系统的分析。

9.4.1 简化气路连线

图 9-4 的灌装机气动系统原理图中，只有一条供气路线和排气气路，所有子系统供气和排气均连接到同一条线路上，在进行系统分析时，容易产生失误。因此可以将供气和排气路线拆分，就近增加供气符号和排气符号的方法进行气路连线的简化。例如图 9-4 中元件 5 的供气线路可以删除，然后增加供气符号；元件 6 的排气线路可以删除，然后增加排气符号，如图 9-5 所示，图中的"×"表示原来的原理图上该连线可以删除。

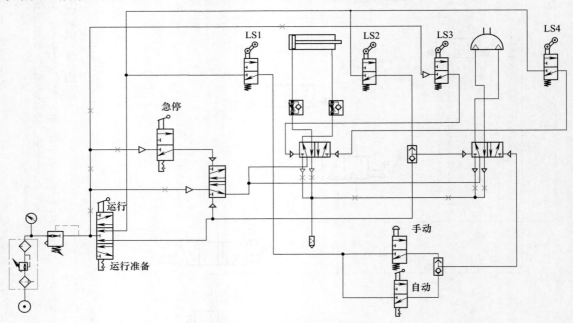

图 9-5 简化气路连线图

9.4.2 去掉不必要的元件

图 9-5 的灌装机气动系统原理图中，空气组合件、压力表、减压阀以及消音器对原理图

的分析影响不大，可以去掉。在省略这些元件后，灌装机气动系统原理图如图9-6所示。

9.4.3 绘制等效原理图

图9-6中简化的灌装机气动系统原理图仍然比较复杂，主要在于机控阀连线较多，因此需要对执行元件和控制元件位置进行整理，将执行元件和方向控制阀排列在一起，将机控阀靠近其控制的气控阀放置，重新绘制原理图，如图9-7所示。

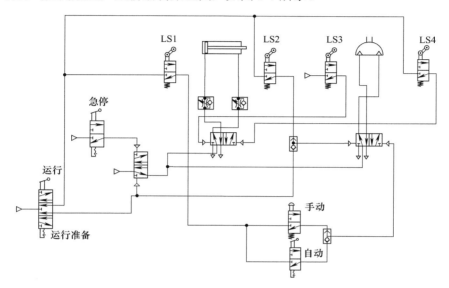

图 9-6　省略元件的气动系统原理图

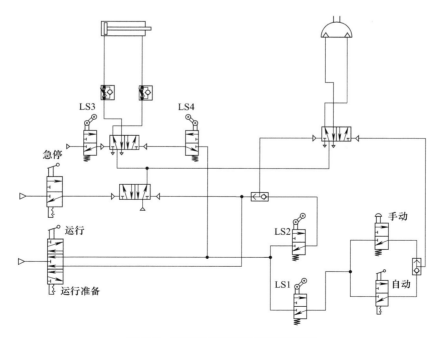

图 9-7　重新绘制的气动系统原理图

9.4.4　给元件重新编号

图 9-7 中对灌装机气动系统给出了某些元件的编号，但是有些元件没有给出，为了便于分析和列写气路路线，应该对原理图中所有元件进行编号，原图中已经编号的气动元件，也可以进行重新编号，采用字母编号的气动原理图如图 9-8 所示，采用数字编号的气动原理图如图 9-9 所示。在后面的气动系统原理图分析中，只对数字编号的图 9-9 进行分析。

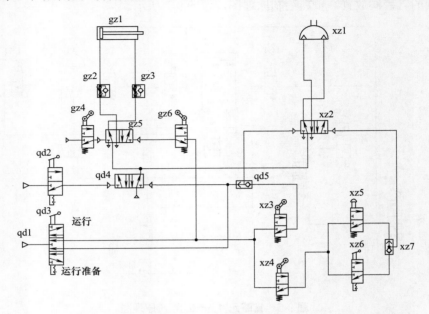

图 9-8　字母编号方式

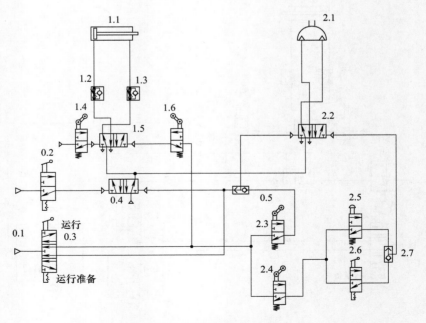

图 9-9　数字编号方式

9.5 划分子系统

图 9-9 中的气动原理图比图 9-4 更易于分析，子系统的划分更加容易，由于灌装机气动系统由两个执行元件组成，因此按照一个执行元件一个子系统的方法对该气动系统进行子系统的划分。

9.5.1 子系统划分及编号

图 9-9 的灌装机气动系统原理图中有 2 个执行元件，因此可以划分为两个子系统。整个系统由一个气源供气，结构简单，因此气源不必要单独划分为一个子系统。系统中较为复杂的是行程阀（机控阀）与所控制的气控阀的控制关系，为了体现逻辑关系，将机控阀与其所控制的气控阀分在一个子系统内。在图 9-9 中用虚线框划分出两个子系统，然后对各个子系统进行编号或命名，可以用数字方式编号，也可以根据各个子系统的用途进行命名，具体划分及命名如图 9-10 所示。图中有些元件是两个子系统共用的元件，因此在绘制子系统原理图时，共用元件将在两个子系统中都出现。

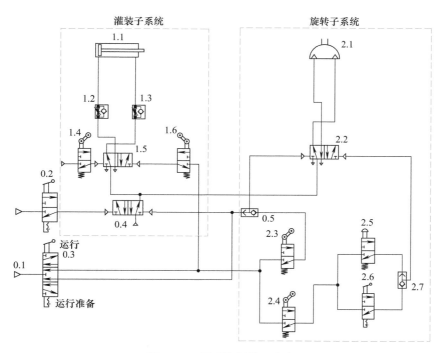

图 9-10　子系统划分及命名

9.5.2 绘制子系统原理图

图 9-10 中灌装机气动系统划分了 2 个子系统，分别是灌装子系统（子系统 1）和旋转子系统（子系统 2）。为了便于分析各个子系统，首先应该绘制从气源到执行元件的各个子系统原理图，然后再对子系统进行工作原理分析。

灌装机气动系统各子系统原理图分别如图 9-11 和图 9-12 所示。

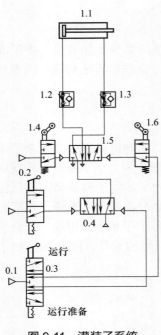

图 9-11　灌装子系统

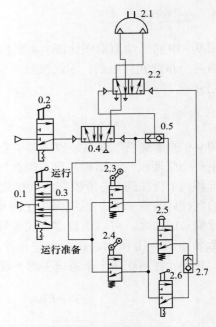

图 9-12　旋转子系统

9.6　分析各子系统

　　将由多个执行元件组成的灌装机气动系统分解为多个子系统后，每个子系统只包含一个执行元件，因此结构简单，易于分析。分析内容包括系统构成、各种动作下执行元件的进气路线、排气路线以及所有机控阀和气控阀的动作顺序和逻辑关系等。

9.6.1　灌装子系统分析

　　灌装子系统原理图见图 9-11，

图 9-13　灌装子系统动作循环图

该子系统由灌装气缸、单向节流阀、梭阀、双气控换向阀、手动换向阀以及行程阀等元件组成。单向节流阀用于控制气缸的运动速度，气控阀用于切换气缸的供气排气气路，手动换向阀和行程阀用于气控阀控制信号的切换。图中行程阀 1.4 安装在旋转缸逆时针向旋转限制位置，行程阀 1.6 安装在旋转缸顺时针向旋转限制位置。

　　图 9-3 给出了整个灌装子系统的动作时序图，其中灌装子系统要完成的动作循环如图 9-13 所示。

（1）抽取物料

　　要实现抽取物料，则计量缸在灌装气缸 1.1 活塞向左运动，即灌装气缸无杆腔排气，有杆腔进气。其工作条件为气控阀 0.4 工作在右位，气控阀 1.5 工作在左位。气控阀 0.4 初始工作位置为右位，当急停按钮 0.2 抬起时，工作位置不变化。气控阀 1.5 工作在左位，则行程阀 1.4 打开，即旋转气缸 2.1 将行程阀 1.4 的杠杆压下，此时进料口与料斗是连通的。抽取物料的气路如图 9-14 所示。

进气气路为：

气源→气控阀 0.4 右位→气控阀 1.5 左位→单向节流阀 1.3→气缸 1.1 有杆腔

排气气路为：

气缸 1.1 无杆腔→单向节流阀 1.2→气控阀 1.5 左位→大气

控制气路为：

气源→行程阀 1.4 上位→气控阀 1.5 左控制位

（2）灌装物料

　　要实现灌装物料，则计量缸在灌装气缸 1.1 活塞向右运动，即有杆腔排气，无杆腔进气。其工作条件为气控阀 0.4 工作在右位，气控阀 1.5 工作在右位。气控阀 0.4 初始工作位置为右位，当急停按钮 0.2 抬起时，工作位置不变化。气控阀 1.5 工作在右位，则行程阀 1.6 打开，即气缸 2.1 将行程阀 1.6 的杠杆压下，此时出料口与下料管是连通的。灌装物料的气路如图 9-15 所示。

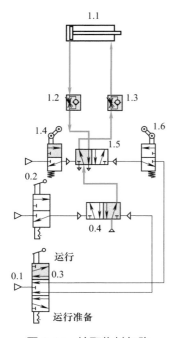

图 9-14　抽取物料气路

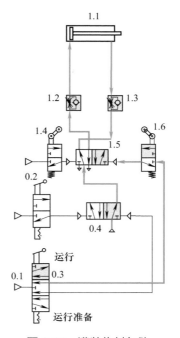

图 9-15　灌装物料气路

进气气路为：

气源→气控阀 0.4→气控阀 1.5 右位→单向节流阀 1.2→气缸 1.1 无杆腔

排气气路为：

气缸 1.1 有杆腔→单向节流阀 1.3→气控阀 1.5 右位→大气

控制气路为：

气源→手控阀 0.3 上位→行程阀 1.6 上位→气控阀 1.5 右控制位

9.6.2 旋转子系统分析

旋转子系统原理图见图 9-12，该子系统由旋转气缸、单向节流阀、梭阀、双气控换向阀、手动换向阀以及行程阀等元件组成。单向节流阀用于控制气缸运动速度，气控阀用于切换气缸的供气排气气路，手动换向阀和行程阀用于气控阀控制信号的切换。行程阀 2.3 安装在旋转缸右侧限制位置，行程阀 2.4 安装在旋转缸左侧限制位置。

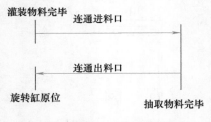

图 9-16 旋转子系统动作循环图

旋转子系统要完成的动作循环如图 9-16 所示。

（1）连通进料口

要连通进料口，则旋转气缸 2.1 逆时针旋转，即气缸右腔进气，左腔排气。其工作条件为气控阀 0.4 工作在右位，气控阀 2.2 工作在左位。气控阀 0.4 初始工作位置为右位，当急停按钮 0.2 抬起时，工作位置不变化。气控阀 2.2 工作在左位，则行程阀 2.3 打开，即灌装气缸 1.1 将行程阀 2.3 的杠杆压下，此时灌装气缸活塞处于灌装气缸右端。连通进料口的气路如图 9-17 所示。

进气气路为：

气源 0.1→气控阀 0.4 右位→气控阀 2.2 左位→气缸 2.1 右腔

排气气路为：

气缸 2.1 左腔→气控阀 2.2 左位→大气

控制气路为：

气源→手控阀 0.3 上位→行程阀 2.3 上位→梭阀 0.5→气控阀 2.2 左控制位

（2）连通出料口

要连通出料口，则旋转气缸 2.1 顺时针旋转，即气缸左腔进气，右腔排气。其工作条件为气控阀 0.4 工作在右位，气控阀 2.2 工作在右位。气控阀 0.4 初始工作位置为右位，当急停按钮 0.2 抬起时，工作位置不变化。气控阀 2.2 工作在右位，则行程阀 2.4 打开，即灌装气缸 1.1 将行程阀 2.4 的杠杆压下，此时灌装缸活塞处于灌装气缸左端。连通出料口的气路如图 9-18 所示。

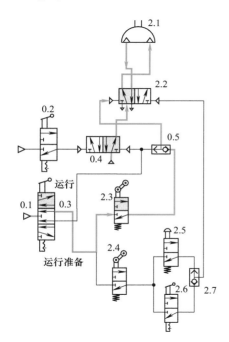

图 9-17　连通进料口气路

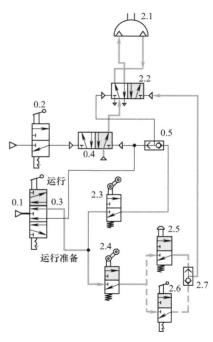

图 9-18　连通出料口气路

进气气路为：

气源 0.1→气控阀 0.4 右位→气控阀 2.2 右位→气缸 2.1 左腔

排气气路为：

气缸 2.1 右腔→气控阀 2.2 右位→大气

控制气路为：

➤➤➤➤➤➤➤

气源→手控阀 0.3 上位→行程阀 2.4 上位→手控阀 2.5（或者 2.6）上位→梭阀 2.7→气控阀 2.2 右位控制口

9.6.3　系统运行控制

灌装机各子气动系统气路图中都有一些手动换向阀和行程阀用于系统运行的功能切换和动作逻辑控制，只有分析清楚各元件的动作关系，才能对整个气动系统进行分析。

（1）急停

系统可通过手动换向阀 0.2 来实现急停功能。正常状态时，0.2 处于下位，气路关闭，气控阀 0.4 处于右位，主气路连通；当系统出现异常状态时，按下按钮，0.2 切换至上位，气路打开，使得气控阀 0.4 切换至左位，主气路关闭，灌装气缸 1.1 和旋转气缸 2.1 停止动作。当故障排除后，抬起按钮，0.2 切换回下位，通过手动换向阀 0.3 运行准备挡可将气控阀 0.4 重新切换回右位，连通主气路。

（2）运行准备

当系统启动正常工作前，需要使用手动换向阀 0.3 的运行准备挡来完成系统各元件的复位。当手动换向阀 0.3 切换至运行准备挡时，气控阀 0.4 将切换至右位，主气路连通，同时气控阀 2.2 将切换至左位，从而旋转气缸 2.1 逆时针旋转；当气缸 2.1 逆时针旋转至限制位置时，将行程阀 1.4 的杠杆压下，打开行程阀 1.4，使得气控阀 1.5 切换至左位，驱动灌装气缸 1.1 向左运动至限制位置，此时行程阀 2.4 的杠杆被压下，但进气口没有气压，因此系统保持在此状态。

（3）手动运行、自动运行

将手动换向阀 0.3 切换至运行挡，此时行程阀 2.4 通气，若手动换向阀 2.5 或者 2.6 有任意一个打开时，灌装机将自动完成以下一个动作循环。

➤➤➤➤➤➤➤

气控阀 2.2 切换至右位→旋转气缸 2.1 顺时针旋转至限制位置 (连通出料口)→行程阀 1.6 打开→气控阀 1.5 切换至右位→灌装气缸 1.1 向右运动至限制位置时 (灌装物料)→行程阀 2.3 打开→气控阀 2.2 切换至左位→旋转气缸 2.1 逆时针旋转至限制位置（连通进料口）→行程阀 1.4 打开→气控阀 1.5 切换至左位→灌装气缸 1.1 向左运动至限制位置（抽取物料）→行程阀 2.4 打开

（4）行程阀动作顺序

全气动系统中，气缸的循环动作完全靠行程阀来控制，因此对本系统中所有行程阀动作顺序单独进行分析。

由图 9-7 可以看出，行程阀 2.3（LS2）和行程阀 2.4（LS1）是根据灌装缸 1.1 的位置来动作的。灌装缸 1.1 运动至左位，行程阀 1.4（LS3）打开；灌装缸 1.1 运动至右位，行程阀

1.6（LS4）打开。行程阀 1.4（LS3）和行程阀 1.6（LS4）是根据旋转缸 2.1 的位置来动作的。旋转缸 2.1 运动至左位，行程阀 1.4（LS3）打开；旋转缸 2.1 运动至右位，行程阀 1.6（LS4）打开。

　　根据图 9-3 的灌装时序图，可以得到在整个动作循环中行程阀 1.4、1.6、2.3、2.4 的动作顺序如下。

　　　　系统复位（灌装缸 1.1 处于右位）→行程阀 2.3（LS2）打开→旋转缸 2.1 左旋→行程阀 1.4（LS3）打开→灌装缸 1.1 向左运动→行程阀 2.4（LS1）打开→旋转缸 2.1 右旋→行程阀 1.6（LS4）打开→灌装缸 1.1 向右运动

　　通过上述动作原理的分析，可列写灌装机气动系统各动作过程中的行程阀状态表，见表 9-1。

表 9-1　行程阀状态表

动作 ＼ 行程阀	行程阀 1.4（LS3）	行程阀 1.6（LS4）	行程阀 2.3（LS2）	行程阀 2.4（LS1）
抽取物料	开	关	—	—
灌装物料	关	开	—	—
连通进料口	—	—	开	关
连通出料口	—	—	关	开

9.7　分析各子系统的连接关系

　　根据图 9-9 的灌装机气动系统简化原理图，可以看到两个子系统的主供气和主排气气路是并联在一起的，但由于两个子系统的动作为顺序动作，不会同时发生，因此相互之间不会出现干扰。图 9-19 为子系统连接关系图。

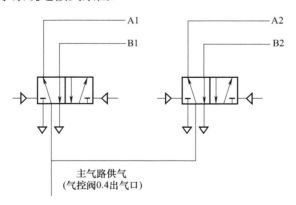

图 9-19　子系统连接关系图

9.8　总结整个系统特点及分析技巧

通过对灌装机气动系统各子系统的动作原理和子系统连接关系的分析，对该气动系统的特点和分析该类气动系统时能采用的技巧进行总结。

9.8.1　系统特点

通过对灌装机气动系统工作原理的分析，对图9-3中的灌装机气动系统的特点总结如下。

❶ 该气动系统采用全气动控制，所有元件均为气动元件，不需要再建立一个电控系统。这样能保证灌装机在很多卫生和安全系数要求较高的环境中使用，同时对能源要求较低，只需要建立一个气源即可。

❷ 系统使用单向滚轮杠杆式机控阀作为行程阀，来实现系统顺序动作的控制，转换动作平稳可靠，换接位置精度较高。

❸ 系统使用了较多的手动换向阀来实现不同控制模式和动作，如运行和运行准备、手动和自动，这使得整个气路较为复杂，但这样的操纵方式使系统的各项功能得到了很好的保障，使系统运行更加可靠。

❹ 单向节流阀用于调节计量缸抽取物料和灌装物料的速度，尤其是在使用多个计量缸同时灌装时，可调节不同计量缸达到同步灌装的效果。

9.8.2　分析技巧

对于采用全气动控制的灌装机气动系统，有如下分析技巧。

❶ 首先对灌装机的工作原理进行了解，画出动作时序图，将有助于分析气动控制系统。

❷ 全气动控制系统的气路要比电 - 气控制系统复杂，可先对原理图进行简化和整理后再阅读，将有利于系统的分析。

❸ 全气动控制系统的手动控制气路部分（手动换向阀）相对简单，可在最后分析。

❹ 全气动控制系统的逻辑动作控制气路部分（行程阀）较为复杂，也比较重要，应联系灌装机动作时序着重加以分析。

参 考 文 献

[1]　高殿荣，王益群．液压工程师技术手册．第二版．北京：化学工业出版社，2016.
[2]　宁辰校．液压与气动技术．北京：化学工业出版社，2017.
[3]　李松晶，丛大成，姜洪洲．液压系统原理图分析技巧．北京：化学工业出版社，2009.
[4]　兰建设．液压与气压传动．北京：高等教育出版社，2010.
[5]　文红民，欧阳毅文，熬春根．液压与气动技术．哈尔滨：哈尔滨工业大学出版社，2010.
[6]　李松晶，阮健，弓永军．先进液压气动技术概论．哈尔滨：哈尔滨工业大学出版社，2007.

动 画 索 引

二维码	动画内容	正文位置
	模块二 汽车起重机液压系统（图 2-8）	P28
	模块三 组合机床液压系统（图 3-13）	P54
	模块四 推土机液压系统（图 4-30）	P87
	模块五 热压机液压系统（图 5-15）	P115
	模块六 炮塔液压系统（图 6-8）	P140
	模块七 汽车气动系统（图 7-10）	P163
	模块八 机械手气动系统（图 8-11）	P177
	模块九 灌装机气动系统（图 9-9）	P192